CAMERA 数码后期达人

刘纯兴 著

中国摄影出版社

我说影像风格

摄影术发明之后的100多年，我们面对的是更快速、更有效率的影像表达方式。百年前至十几年前，当摄影师按下快门后获得的都是胶片，而下一步必须在传统暗房里，利用暗房技术进行调整与局部处理等操作，一张照片的产生依靠暗房里的技巧才有机会呈现在众人眼前。按下快门，取得胶片，一切都在机械与器材的掌控限度里完成，而真正的风格、氛围和曝光等调整，才更突显个人化与艺术性的特征。

科技时代里的数码摄影，缩短了许多尝试与猜测，下一秒即可浏览拍摄的影像。而依赖器材与数字科技的发展，影像往往因为没有暗房这道步骤，而显得生硬与平常。数码暗房的技巧承载了让30%的影像完美呈现的重大责任，因为摄影师的自我意识可以在数码暗房里再次发挥，风格油然而生。

因为有了风格，摄影的呈现变得多元；因为有了风格，所以影像才具有了独特的辨识度。

本书将引领各位进入千变万化的数码暗房领域。

目 录

catalogue

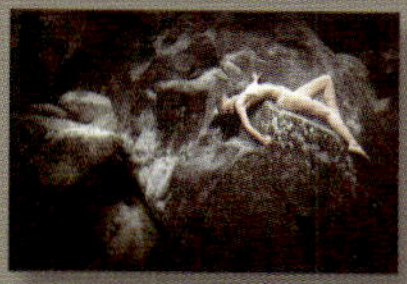

我相信，

按下快门只完成了摄影过程的70%，

而其他30%必须在暗房里

完成个人的风格与意念表现。

引言 Introduction

视觉的习惯

我常在课堂上举一个“摄影习惯”的例子：当我们面对拍摄的景物与人物时，脑海里呈现的往往是多年积淀的经验与习惯，包括相机的设定、用哪支镜头及如何取景。久而久之，会发现在同一个习惯里所拍摄的影像作品常常脱离不了自我设定的框架。

例如，以人物摄影的技巧来说，最常看到的就是抓起85mm f/1.4，相机设定在光圈优先，直接使用f/1.4，而取景范围为人物的半身，让背景因为景深的关系而变得模糊。这是最常见的手法，而这种手法似乎具有传染性，人物摄影的定义很容易变成大光圈虚化的“习惯”。如果哪天镜头变成24mm的广角，光圈无法大到f/1.4，只有f/4.5，那你拍摄的影像又会是怎样的呢？因为习惯了人物摄影有焦外虚化，那它的变化性就会受到限制，若都是广角人像，哪天体验一下焦外虚化的效果，感受又会是不一样的。当摄影变成了一种习惯，那摄影的多元化与艺术性就会受到限制。摆脱不了习惯，就只能停滞不前。

数码作品获得的方式有两种，一是不经过数码暗房，直接成品，除非所有的条件都到位，包括曝光、角度、饱和度与色相都理想；另一种是经过数码暗房的调整，获得期望的影像氛围与效果，所表现出来的画面就带有个人的色彩与特征了。

再举一个例子，两个好朋友一起去拍照，约好一位模特，恰好二人使用的相机镜头和滤镜等都是一样的。可以想象拍摄过程中，除了有各自不同的拍摄角度之外，天气、环境、模特都在同样的条件下，拍摄的结果几乎会是一样的。如果要比较两者之间的差异及带入摄影师个人风格的表现色彩的话，接下来的数码暗房技巧则决定了影像的成败与差异。

举个例子，比较右页两张图，左图是原图，未经过软件调整，呈现的是拍摄时的状况，包括天气、阳光、背景与色调等，忠实地表现出现场的实况。与右图相比较，左图并不是不好，而是太平常了，一般相机就可以表现出来。但如果有机会让影像作品如右图般呈现出氛围与感受，您会不会愿意尝试让它以另一种风格呈现呢？

我认为，差异化就此产生，因为您懂得作品该如何调整，也知道您的作品该朝哪个方向与何种氛围去营造。相对的，您的作品就多了一份辨识度。为您拍摄的影像添加生命力吧！

本书共选取了10个范例，对16幅作品进行分析，通过饱和度、明度与色相的组合，加上反差的变化，不需要多复杂的软件技巧，就可以赋予影像千变万化的生命力。

拍摄信息

- 机身：Nikon D3
- 镜头：Sigma 50mm f/1.4
- 快门：1/200秒
- 光圈：f/6.3
- 感光：ISO 250
- 闪灯：离机右侧75° 由上而下
- 色温：自动白平衡
- 时间：2010.01.23 阴天
- 后期：无

拍摄信息

- 机身：Nikon D3
- 镜头：Sigma 50mm f/1.4
- 快门：1/200秒
- 光圈：f/6.3
- 感光：ISO 250
- 闪灯：离机右侧75° 由上而下
- 色温：自动白平衡
- 时间：2010.01.23 阴天
- 后期：合成天空，外围降低明度，覆盖棕色20%，降彩，局部提亮，利用曲线加强对比度

第一章

影像呈现由风格决定

Chapter 1 视觉与民族风格

近年来，我们在摄影风格的分类上常听到所谓的日系风格、欧美风格及最新韩风等表现手法。视觉表现跟一个民族的特性或长久以来对于影像的表现模式有一定的相关性。例如，具有一定规模和历史的日本写真工业，对人像的表现强调人物的肤质、表情与画面饱和度，而构图也大多以人物特写为主。当然这只是概括性的说法，是大部分日本写真的表现习惯，也有野村诚一和蜷川实花等强调个人风格的摄影师。

野村诚一在多年的人物摄影表现上，强调营造整体氛围，包括取景、光线的使用和布光等，更采用独特的手法表现女性的性感与气质。取景的手法不限于人物本身，更注重其与环境的融合。

蜷川实花作品

蜷川实花则在拍摄前的准备工作方面下了一番功夫，包括道具与彩妆，独具风格的高饱和度影像呈现，带有十足的日本色彩与味道。

两者的拍摄过程不尽相同，后期处理方式也不一样，因此划开了个人风格的特点，具有独特的摄影表现魅力。

野村诚一作品

而欧美风格则强调画面的灵性与氛围。或许由于其摄影艺术受到欧美美术作品的影响，画面带有史诗般的味道：饱和度降低，人物的表现也走低调的格局，这些风格都是可以辨别的趋势与走向。如安妮·莱伯维茨(Annie Leibovitz)表现传统欧式的华丽与细腻，泰利·理查森(Terry Richardson)的夸张与戏谑，都是风格表现独具一格的摄影大师。当然，他们并不是完全靠后期处理，事前的准备工作、布光、道具与拍摄过程，都是彰显个人风格的表现。

泰利·理查森并不注重器材的区别，甚至使用一台傻瓜胶片相机来拍摄，但作品震惊世界。对他而言，器材不是重点，他要表现的是不加修饰、夸张与情色嘲讽意味浓厚的作品，在时尚摄影的领域里一再地被使用。虽然泰利·理查森的摄影在艺术的表现上具有争议，但不可否认的是，他的强烈风格早已冲击了摄影的技巧与表现手法。

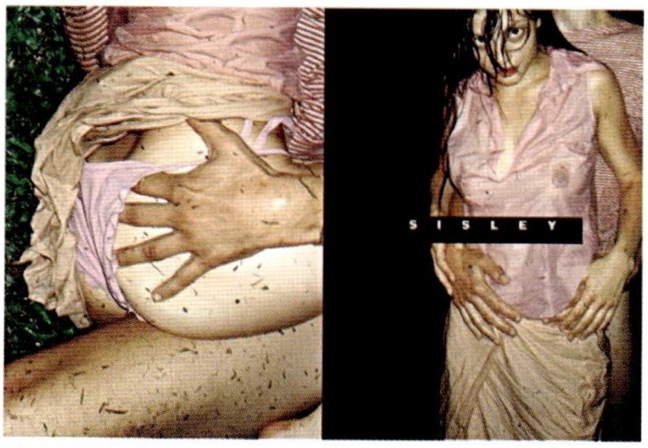

泰利·理查森为SISLEY品牌拍摄作品

安妮·莱伯维茨作品

我最近观看了一部安妮·莱伯维茨的摄影纪录片，被她的摄影精神与理念所感染。一如史诗般的画面，注重光的营造与画面的完整度。最令我惊讶的是影像所呈现出来一丝不苟的拍摄过程与画面质量。与泰利·理查森相比较，或许安妮·莱伯维茨更具有摄影家应有的格局与专业精神。我认为，在技巧与风格方面，安妮·莱伯维茨在诠释她对影像内涵与商业品牌结合后，依然保有的个人品味与气质。

摄影师成长的环境、教育、民族及对摄影艺术的态度，深深地影响着影像表现的风格差异，个人创作上保有一贯且被认可的风格之后，进而奠定自己在摄影领域里的定位，全世界有多少摄影师在走这条路，也因为风格表现与执着的态度，激发出许许多多的创意灵感。

Chapter 2 绘画与摄影的发展关系

若让时间退回100多年，正当摄影术发明，而绘画艺术被冲击的同时，出现了绘画与美术史的革命。绘画从描绘写实的政治与宗教目的，渐渐发展到充满个人主义的流派。以前，欧美的王公贵族让画师为自己或家人绘制一张肖像，可能需要几个月或数年的时间。约好画家，在家里布置好环境，然后画家不定时地前来作画。可能一天只画2小时或更短，日积月累，一张画的完成既费时又费力，但也成就了不少巨作，如《蒙娜丽莎的微笑》等得以流传百年。摄影可以在1/1000秒完全记录所见，而绘画却需要长时间精致的描绘，这使当时的印象派、野兽派、超现实主义和普普艺术等新形态的美术绘画表现从此诞生。

虽说，当时的艺术发展并非完全因为摄影术的发明而受到冲击，但也影响了后期的视觉艺术表现。因此，在表现上各家流派有着不同的诠释光影、形态与内容的方式，再思考与主张如何表现画面。用这样的观点审视现在的摄影发展，也很类似。可以发现，传统摄影术的发展，一直都围绕着黑盒子、银盐胶片、冲洗和相纸，现在传统摄影面临最大的冲击就是数码摄影的强势发展。

传统摄影与现代数码摄影的相似之处，只在于器材上的光圈、快门和机身的机械结构方面类似，在感光、胶片、相纸和成像等方面，都因科技的发展而有完全不一样。传统摄影要看到照片，需经过暗房或冲印设备，将胶片的内容曝光并显影在相纸上，如安塞尔·亚当斯的摄影作品，在光圈f/64的状况下，胶片的呈现几乎是黑的，但经过在暗房内的局部显影及局部遮挡后，才能得到一张优秀的黑白作品。若要制作第二张完全一样的照片却是不太可能的，因为在人眼的判断与猜测过程中，无法重复完全一样的步骤。

拉斐尔·桑西1483 – 1520

亨利·马蒂斯 1869 – 1954

理查德·阿维顿 1923 – 2004

Chapter 3 数码摄影与电脑技术

随着数码摄影的发展，很多脑海中的构想变成了可能。与传统摄影过程相比，数码摄影缩短了摄影学习与实践的时间，没有耗材方面的压力，使一切变得如此轻松与自我。按下快门，即可看到影像的内容，包括曝光、色彩与构图等。不过，现在的摄影过程大多仅完成了70%，而后续的操作，就如同传统摄影的暗房一样，必须加入后期的整理与调整，从而展现自己的意念与风格。数码摄影与电脑技术的结合，在全球的摄影发展上也具有重要的意义。因为有了想象，所以影像表现才有了不一样的面貌。

我很赞同推广数码摄影的后期制作，它分为两个领域：数码摄影与数码美工。数码摄影的最后呈现依然与传统暗房的工作内容是一样的，只是转变成数码暗房的概念。也就是说，传统暗房里可以做到的，数码暗房一定可以达到。例如，我们知道在传统暗房中，明度的调整可以通过遮挡来提高局部的明亮度；反差效果可以通过加上滤片加强亮与暗的差异；色相可以通过温度或滤片让整体的色调改变。从某种程度上来说，数码暗房几乎与传统暗房一样，可以完全比拟传统摄影的精神，这也是很多摄影师的原则。在传统暗房中不易完成的效果，如合成、改变所拍摄素材的形体、加上一些想象的图案及把不同时间拍摄的影像合二为一，这些均可在数码暗房中一一实现。例如，郎静山大师的集锦摄影，就是在暗房内完成的创作与创意表现。不过目前很多国家级的摄影比赛不允许后期制作的作品参赛，至今后期制作还是充满争议的话题。

如果对摄影保持传统的思考模式，接触数码摄影后，虽然更加方便快捷，但对于大量的后期编修可能会有抵触的心理，因为觉得这些离摄影太远了。出于目的性或商业性的考虑，加入数码美工就像是在影像作品上绘画一样，而摄影的成分更降低到一半以下，其实关键在于各位如何拿捏与表现。数码时代的摄影正处于尴尬期，因为现在介于传统与数码的交错阶段，往往对于传统摄影怀有理想或热情，对数码摄影有所排斥。但随着时代的变更，观点也会随着技术的发展而有不同的定义。随着它的发展，我们可以静观其变。我相信未来数码摄影发展不止于此，也相信全球摄影人的创意，会随着科技和软件的发展而有充满惊奇的未来。

Color theory

第二章

从色彩学开始

影像的视觉呈现分为三个主要元素：明度、饱和度与色相。而这三元素再加上制造反差的对比度，会完全影响影像的风格。参见下图。

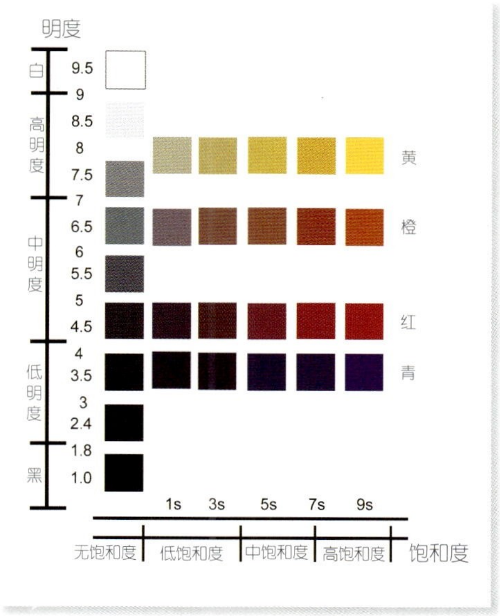

色彩有明暗的现象，这种明暗的属性叫明度，如上图左边的阶调变化。白色最亮，黑色最暗，利用白、灰与黑层次配置成阶梯状的排列，称之为明度阶段，常见的明度阶段有9或11阶，分为最高明度(白)、高明度、中明度、低明度与最低明度(黑)。若想提高色彩的明度就增加白色，反之则加黑色。

饱和度是色彩的纯度，色相环上任何一个颜色都是最鲜艳的色，称之为纯色。在纯色中加白色，明度会提高但饱和度会降低，反之，在纯色中加入黑色，明度降低而饱和度亦降低。常见的可以分为9个阶段。同理，纯色加入黑或白则明度变化，饱和度同样会受到影响。

在摄影后期教学时，学生们总会问："怎样判断一张影像该如何修改与整理？"我相信很多摄影爱好者对于影像是否需要修改与后期处理持有保留的态度。其实修图与风格有它的依据，在了解了影像的三元素：饱和度、明度与色相之后，可以简化不必要的考虑点，直接进入影像风格化的要点。在此先了解一下这三要素的概念。

- **饱和度**：饱和度是色彩的纯度，如红、黄、蓝等色彩，它的色彩中未加入其他的明度；而淡红或深红等，则饱和度已经变化。
- **明度**：明度是指将色彩去掉，只剩下暗与亮的灰阶层次变化。如香蕉的明度高，而青椒的明度低。
- **色相**：即各类色彩的外观特征，如大红、普蓝和柠檬黄等。若加入了其他色彩则有色相的变化。如蓝色加入黄色，比例不一样时，会获得不同色相的黄、绿与蓝。

利用这种关系，一张影像可由多种变化组成，如高饱和度、低饱和度、高明度与低明度等。高饱和度搭配低明度会产生强烈的反差对比；高明度搭配低饱和度可让视觉产生清爽悠闲感；低饱和度加上低明度则有厚重压抑的效果。因为色彩的变化或明度的改变会让人有不一样的感受，所以在应用上可以依据影像的内容与期望达到的个人风格而有所调整。如下图所示。

(图一)淡雅的 低饱和度+高明度

(图二)鲜艳的 高饱和度+高明度

(图三)颓废的 低饱和度+低明度

(图四)厚重的 高饱和度+低明度

以上4张作品是在同一次摄影教学时拍摄的，同一个空间，因为使用不一样的光源组合而呈现4种不一样的风格。如果在拍摄时，根据色彩元素的特征营造整体氛围，那么取得影像后通过简单的后期处理即可获得各异的风格样貌。图一整体的色彩并不多，而床单、肤色与衣着都属高明度，在后期处理时降低肤色的饱和度且提高整体的明度。图二采用自然光拍摄，衣着鲜艳且饱和度高，整体明亮的感觉符合高饱和度与高明度的组合。图三使用单一闪光灯的弱输出，整体明度低，刻意降低饱和度后呈现一种颓废低调的色感。图四因为使用闪光灯强输出的逆光，呈现出浓厚的饱和度，但因环境较暗，展现出低明度与高饱和度的协调性。这4幅作品在拍摄前就设计好了，所以后期处理时比较容易达到预期效果。

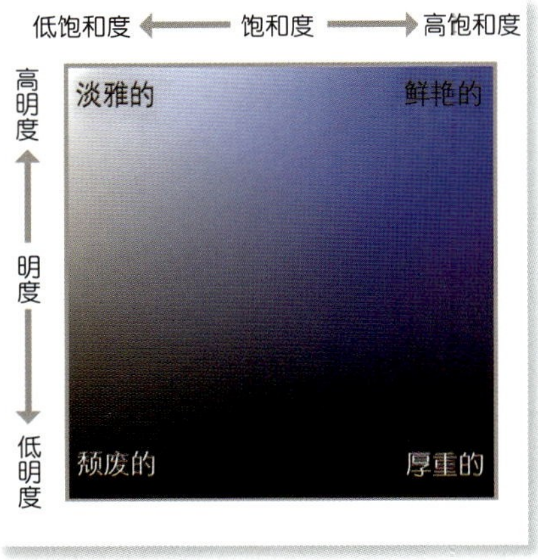

在为一张影像注入情绪或心理元素时，利用这样的组合模式，很容易将影像的氛围调整至符合需要。

明度变化(黑与白的加入)影响饱和度的变化

若从单一颜色去了解它的差异或许有点困难，参见上图所示，以明度为基础，加入色相的组合，可以看到饱和度在高明度(白色比例较多)的情况下，呈现出清淡、乳胶一般的色调，随着黑色的加重，可以看到右边的沉重色块组合。色彩会给我们怎样的视觉感受与影响？举例来说，若要为一家幼儿园选择室内装潢色彩，以儿童的心理与视觉感受，左边的色块组合适合小朋友天真活泼且喜爱原色组合的基调。但若为一家咖啡厅选择室内装潢色彩，那右边的组合比较符合咖啡厅的视觉习惯色彩。它的差异极大，因为饱和度与明度是走两个极端，站在个人主观的立场，当然可以以自我喜好的风格色调去调配；但站在客观的立场，则似乎是一种理所当然的选择。左边清新活泼的组合适合儿童的活动场所，而右边低调沉稳的组合更符合成年人所处的咖啡厅基调。

转换成摄影的影像调整，它会是一种情绪性的心理反应，左边显得快乐、阳光与开朗，而右边的色彩则显得低调、忧伤与黯淡。每次拍摄前的计划可依所要表现的感觉来选择场景、服装与灯光组合，这样风格基调很容易建立起来。从以下3张图中可以很明显地看出，再加入黑与白的明度后，它所呈现的氛围也随之被改变。

Luminance

Luminance

Chapter 1 明度

改变明度有两种方式：一是将彩色的影像提升或压低明度；二是将黑白的影像改变明度。两者之间的差异在于对颜色的影响，如以黄色为例，在高明度的状况下会趋近于灰阶。另外，提高明度对于环境的光源也有影响。可以想象，将自然光或灯光的强度加亮后的效果。变更明度时需要注意：不是单纯使用减淡工具整体提升，而要注意光的位置、来源与方向，合理地将光源统一整理 。

彩色影像变更明度

以下照片是使用同一张原图，但以不同明度来表现的。

明度＋2

明度＋1

原图

明度－1

明度－2

以后期制作而言，对于这样的影像要先分析它的最暗与最亮处。调整明度时，需要注意的是最暗与最亮处细节是否依然存在。因为提升或降低明度时，无法产生细节。以本例来说，床头后方的暗部与床单需要注意。最常遇到的影像后期处理不外乎调整曝光度，对整体的曝光程度重新调校一次，找到正确的曝光。而改变明度也是改变氛围的最佳方式之一。我认为调整提高明度的观念，是将光的来源增强或范围扩大；降低明度是将光的来源与范围缩小，它所呈现的效果更趋近于自然。不然太亮会变得过曝或画质不佳；太暗则显得曝光不足。

彩色影像变更明度

以下照片是使用同一张原图，但以不同明度来表现的。

(图一)明度＋2

(图二)明度＋1

(图三)原图改黑白

提升明度

在黑白影像上直接变更明度，不必担心色彩变化的因素，可通过阶调性的反差和顺畅度来判断。图三是利用原图通过Photoshop直接转为黑白，它的阶调性比较完整，暗部与亮部的细节依然存在。图二将曲线向上拉，整体的明度得到提升，极限是亮部的细节依然得以保留。图一未使用曲线，而使用加深与减淡工具，针对暗部使用减淡工具局部提升；衣服的白色使用加深工具进行局部处理。整体而言，图一与图二相比，暗部的明度有明显提升，保留了中间调，而亮部稍微下降了一点。这种方法保留了细节，扩张了光的范围与强度，但仍注重影像的细节与质量。

Luminance

(图四)明度－1

(图五)明度－2

(图六)原图

明度降低

图四使用曲线工具整体降低明度，所以无论是衣服的白还是头发的暗都明显降低，中间调也降下来了。这个修改步骤不必担心光的来源与范围，因为它的明度降低程度还可以接受，能维持自然的状态。图五就需要注意了，先降低整体的明度，再使用减淡与加深工具进行局部处理，为的是维持光源与整体的基调。使用加深工具降低背景、椅背和头发的明度。亮部也加以提升，表现光源的投射位置，如肩膀和脸部的反光。

高明度有通透、明亮和阳光的效果，低明度可营造沉稳且安静的氛围。所以当一张影像摆在眼前，利用改变明度的方式表达出你想要表达的气氛，可以有显著的效果。

Intensity

Chapter 2 饱和度

Intensity

饱和度又称为影像的彩度，未经影像后期修改，会受拍摄现场光线充足与否的影响。饱和度也可分为两个部分考虑：一是拍摄当天的天气不佳，造成拍摄的人物和服装等无法呈现饱和的颜色；也许是刻意想将色彩表现出来，而当时无法达成，变的有点灰蒙蒙的感觉。二是刻意要降低饱和度，呈现一种插画式的、电影般的情境感。降低饱和度可以满足大部分的需求。

阴天提高饱和度的呈现

以下照片是使用同一张原图，但以不同饱和度来表现的。

图一 饱和度0 原图

图二 饱和度+1

图三 饱和度+2

图四 饱和度+3

图五 饱和度+4

拍摄当天没有阳光，在阴天的情况下，模特虽然穿着鲜艳的红色衣服，但因为没有阳光而显得色彩平淡。影像忠实地记录下现场的天气情况，但却无法表现出预期欢乐洋溢的气氛。以上图为例，图一为拍摄原图，可以感受到现场的真实样貌；图二至图五采取以不同的程度增加饱和度的做法。图二饱和度增加20%，红色突显出来了；图三饱和度增加了40%；图四使用曲线工具增加反差且增加绿色的饱和度，外围使用加深工具降低明度，因此具有较高的反差，增强明度与饱和度的比对度；图五是以图四为基础，将饱和度增加了20%。

饱和度的提升可以增加影像的质感，但如果提升过度则会显得不真实。

刻意降低饱和度产生戏剧效果

以下照片是使用同一张原图，但以不同明度来表现的。

(图一)原图 饱和度0

(图二)饱和度－1

(图三)饱和度－2

降低饱和度以制造气氛

图一为拍摄的原始样貌，逆光之下，光源充足，颜色的饱和度表现较佳。这样的作品其实不必做太多后期编修，足以还原现场的样貌与感受。不过，给自己多一点空间和机会去改变现场的氛围，可呈现影像额外的价值。图二将饱和度降低约20%，渐渐可以看到帽子的饱和度与亮度降下来了，蓝与黄不再那么明显。图三再降低20%，整体色彩几乎平淡了，不再有特殊的色彩凸显出来，这种感觉接近无色彩的逆光氛围效果。

单纯降低饱和度，可让原本饱和的色彩降低，以明度的方式呈现。这样的基调往往会表现出低调与平淡的气氛。

Intensity

(图四)饱和度－3 加蓝

(图五)饱和度－4 加蓝、黄

(图六)饱和度－5 加黄

图四是将饱和度降低40%，再加人蓝色，外围使用加深工具调整后呈现的效果。气氛、逆光及低饱和度的表现手法，使其具有一种电影画面的感觉。图五继续降低饱和度，载人淡淡的蓝与黄中和一下，渐渐偏向黑白调，但还是有一点饱和度出现。图六使用曲线工具增加对比度，再加人黄作为时间的表现，外围使用加深工具进行调整。可通过这6张影像的阶调性变化与效果比对其差异，将色彩转换为明度的状况，氛围如何掌控，读者可以通过前面提到的明度变化与之后讲到的色相变化结合使用。

Hue

Hue

Chapter 3 色相

色相不但可以改变影像拍摄时的感觉，也可以校正拍摄时的色温。一般来说，我在营造气氛的感觉时会应用色相特征。相机的自动白平衡往往过于聪明与精准，在阳光与室内光线有偏差时，它会自动校正，也因此有时会错失光线和色温所带来的气氛与感受。一般来说，我在拍摄某些混合光源或有时间性的场合时，会将白平衡设为日光白平衡，如此一来，就可以忠实地记录当时的色温与情境。如果错失了，很多以RAW文件格式拍摄的朋友，也可以在后期制作时稍微调整白平衡，以达到目的。利用变更色相的方法，可以将中午拍摄的影像变得像黄昏，在黄昏拍摄的影像调整至像清晨。这都是因为我们在色感上有先入为主的观念，偏蓝青像清晨，而偏黄红就像黄昏一样。

阴天提高饱和度的呈现

以下照片是使用同一张原图，但以不同色相来表现的。

图一 色相 原图 0

图二 色相加黄

图三 色相加黄红

图四 色相加蓝

图五 色相加蓝绿

以上5张图可作为改变拍摄时间最佳的范例。图一为原图，拍摄时间差不多是中午时分，地点为一间教堂内。因为光源方向造成主体身上的反差，近似于光线平射的角度。图一未经修改，使用的是自动白平衡。图二和图三加入不同程度的黄与红，营造出黄昏时的温暖感觉。而图四和图五加入了蓝与绿，让整体色调偏冷。

利用色相改变时间、季节与天气

以下照片是使用同一张原图，但以不同色相来表现的。

日出变黄昏

复制图层将其调至偏黄，再擦去蓝天部分，外围使用加深工具降低明度，整体使用曲线工具加强一点反差。日出时拍摄的影像，经过调整后，有点像黄昏夕阳时拍摄的。

昏暗室内变明亮的黄昏下午

原本黯淡无光的环境，调整后变成黄昏时的氛围，射入室内的阳光具有通透感。使用曲线工具提高明度，在色彩平衡界面中加入黄色，脸部等局部提亮且外围加暗。

Hue

夕阳西下变清晨

黄昏时分拍摄的影像，利用色彩平衡改变色相后，可模拟出清晨的感觉。

平淡变时尚冷调

虽然使用闪光灯强调人物主体，但色泽上并不突出，利用色彩平衡改变色相后，使其带点冷调的蓝色，时尚感就凸现出来了。

Contrast

Contrast

Chapter 4 反差

反差是指影像中各部分明暗对比的差异程度。在有明显的光源区分或强烈的光源表现下效果明显，那是因为已经将形体、局部、线条和光源定义清楚，只要使用曲线工具以正S形曲线调整，就很容易将暗与亮区分开来，取得反差较大的影像；反之，使用曲线工具以反S形曲线调整，就可以提升暗部的区域，减少暗与亮之间的差距。反差可分为高反差与低反差两种。低反差是指暗与亮差距不大；以色相来说，红色与绿色的反差小；但是红色与黄色的差距转为明度之后的反差就很大，称之为高反差，那是针对形体色块而言。若是光线比，受光区域与非受光区域的差距很容易用肉眼分辨出来，甚至不受颜色影响。以级距来看，差距在两格之内(从白至黑分为9级)算是低反差；如果差距为3级及以上，反差效果就比较明显了。

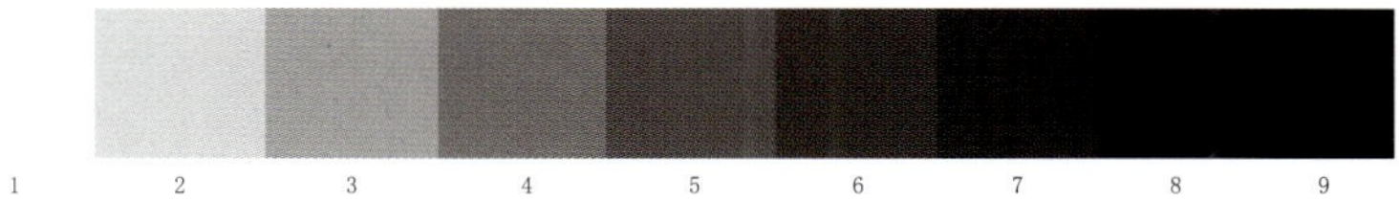

利用曲线工具调整反差比较

以下照片是使用同一张原图，但以不同反差来表现的。

图一 反差－1

图二 原图反差0

图三 反差＋1

图四 反差＋2

图五 反差＋3

图二为未经修改的原图，拍摄现场以落地窗的光源和台灯的光源为主，光线不强，但光源统一。受光区为人物与床单部分。经过高反差与低反差的调整，可比较出利用软件控制光的强度与范围。我认为图三中反差加强1级，表现出来的立体效果最好。

色彩低反差

拍摄现场的颜色很多，若担心会影响主体，降低色彩的反差是可以参考的手法。

色彩高反差

色彩之间如果能加强对比度，会使这幅作品更完美。所以刻意将颜色的对比度拉大，包括黄与蓝之间的对比度。

Contrast

光线低反差

因为逆光的关系，暗与亮之间的差距很大，通过降低反差产生光线的弥漫感，呈现低反差的最佳效果。

光线高反差

虽然使用了闪光灯拍摄，但是天空与水面的光影会干扰主体，所以加强光线的反差，将人物与环境做区隔。

Photoshop tools

Photoshop tools

Chapter 5 Photoshop 常用工具与功能介绍

前面章节中介绍的变更与修图过程其实并不复杂，最重要的是用对工具。Photoshop CS3是我目前使用的修图软件，一般情况下我是以JPEG格式拍摄的，然后用Photoshop直接修改JPEG文件。修图和调图对我来说，会用Photoshop中的几项工具就足够了，而这几项工具也是传统暗房必备的技巧与观念，并不难掌握。所以就算您不熟悉Photoshop，只要能熟练与了解本书介绍的几个常用工具的功能(我就是只用那几项工具制作出想要的影像)，相信您也可以让摄影作品有更佳的表现。

Photoshop软件介绍

Photoshop可分为工作区、工具栏、功能栏和功能窗口4个区域。

常用工具说明

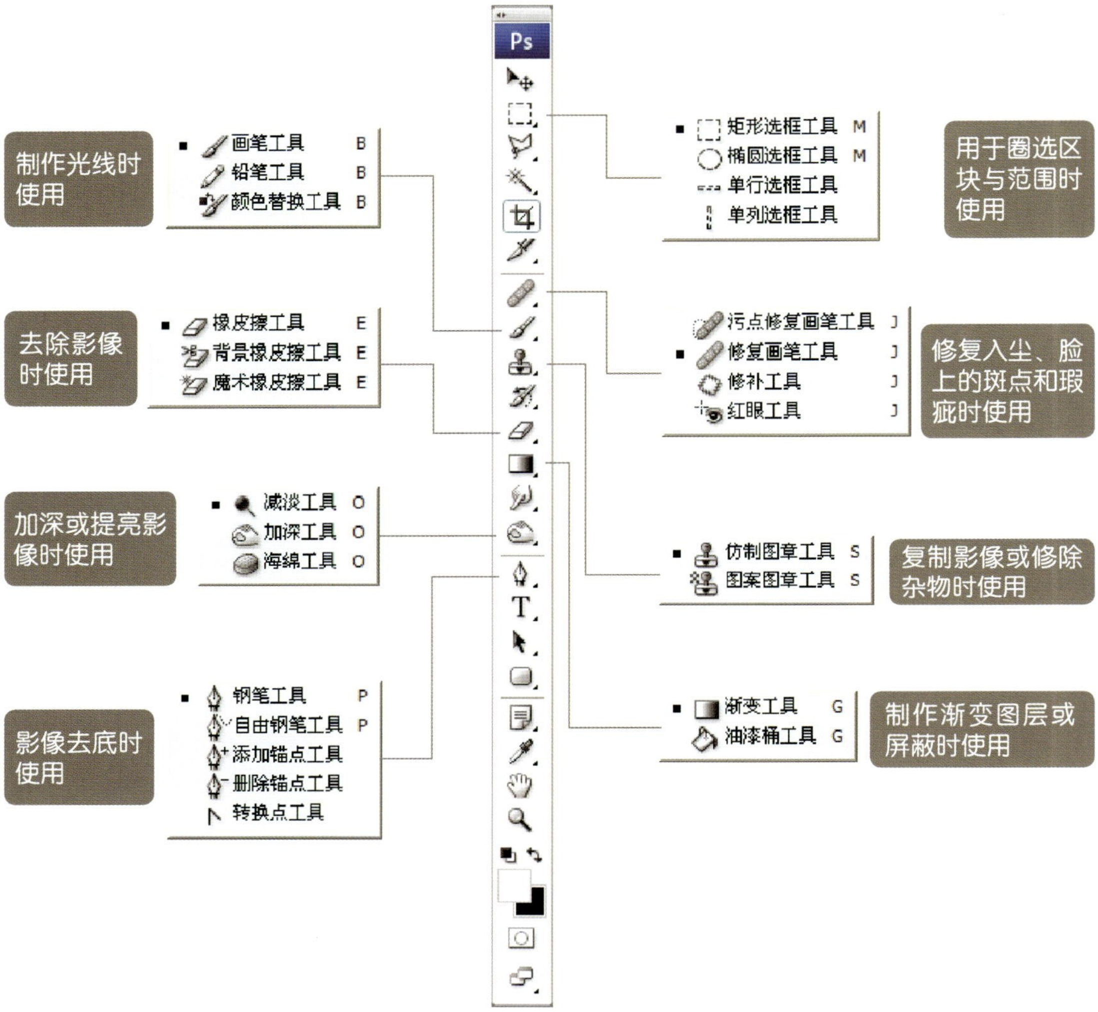

制作光线时使用
画笔工具 B
铅笔工具 B
颜色替换工具 B
去除影像时使用
橡皮擦工具 E
背景橡皮擦工具 E
魔术橡皮擦工具 E
加深或提亮影像时使用
减淡工具 O
加深工具 O
海绵工具 O
影像去底时使用
钢笔工具 P
自由钢笔工具 P
添加锚点工具
删除锚点工具
转换点工具
Ps
矩形选框工具 M
椭圆选框工具 M
单行选框工具
单列选框工具
用于圈选区块与范围时使用
污点修复画笔工具 J
修复画笔工具 J
修补工具 J
红眼工具 J
修复入尘、脸上的斑点和瑕疵时使用
仿制图章工具 S
图案图章工具 S
复制影像或修除杂物时使用
渐变工具 G
油漆桶工具 G
制作渐变图层或屏蔽时使用

Photoshop tools

常用调整功能说明

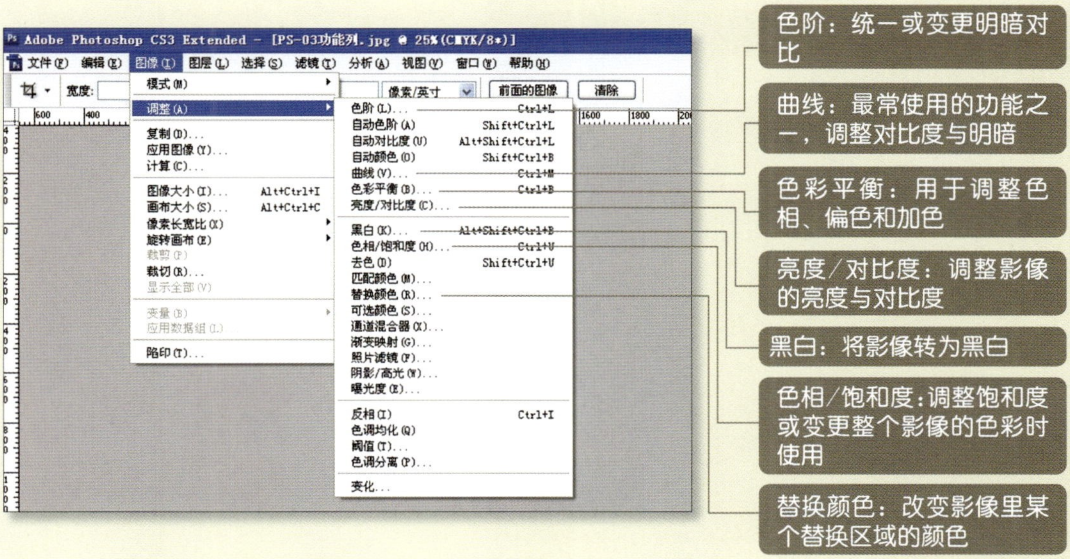

基本上，最常用到的就是这几项调整功能，这些功能足以完成传统暗房中进行的工作，包括：

- **调整明度**：曲线、色阶、黑白、亮度/对比度
- **调整色相**：色相/饱和度、替换颜色、黑白
- **调整饱和度**：色相/饱和度、替换颜色、黑白、曲线、色阶

常用工具说明：减淡与加深工具

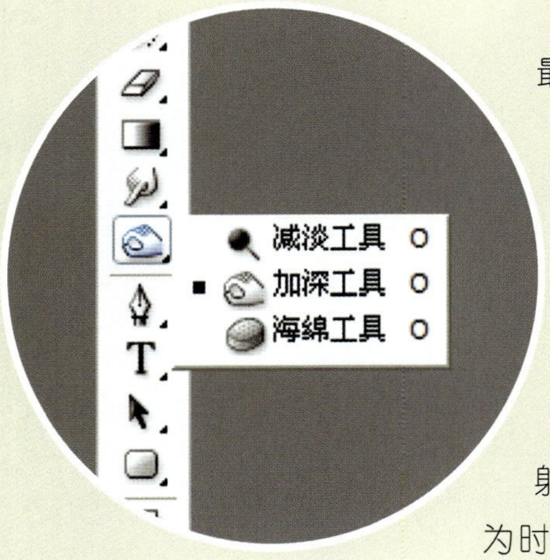

减淡与加深工具是我最常用的工具，它的原理和在传统暗房中操作一样。在传统暗房里，为了让某些区域亮一点，可以用手遮挡，缩短由放大机投射的光线照射在相纸上的时间。因为时间越久，在相纸上的成像会越暗。当然，手的面积有时会太大，我会剪一片大小适合的纸片粘在一根铁丝上，这样就可以伸到影像上面而不会影响其他区域。所以减淡工具的图示像一根棒棒糖就是这个原因。

同样的道理，若是想让某些区域暗一点，则要遮住一些区域，让没有被遮挡起来的区域曝光时间比被遮住的区域久一点。所以，在传统暗房里，我会用两只手放在放大机的镜头下进行遮挡，这样可以让透下来的光投在相纸上的时间久一点，其他区域在双手离开后继续曝光。可以看到加深工具的图示是手的造型，它们依据的还是传统暗房的原理。在传统暗房里，要在短时间内做到不同区域的提亮与加深实在不容易，但在数码后期制作时则可以重复与不断尝试，达到满意与自然为止。想象多年以前，安塞尔·亚当斯在进行区域曝光时所耗的时间与相纸，经过多次实验才会有一张满意的照片，我们现在幸福多了！

不同相机拍摄的影像会有不同的结果，使用影像结构与像质好的相机拍摄的影像，经过加深与减淡调整后，可以看到更多的细节、内容与颜色；但质量略差的影像一经过加深或减淡调整，马上就会出现问题。这个技巧读者可以多练习，一定可将让你的影像处理得更加自然。

Photoshop tools

有一个技巧练习提供给大家，新建一个长方形的文件，然后填色，再用加深与减淡工具制作出顺畅的渐变区块，方法如下：

❶ 创建新文件，设定好尺寸。

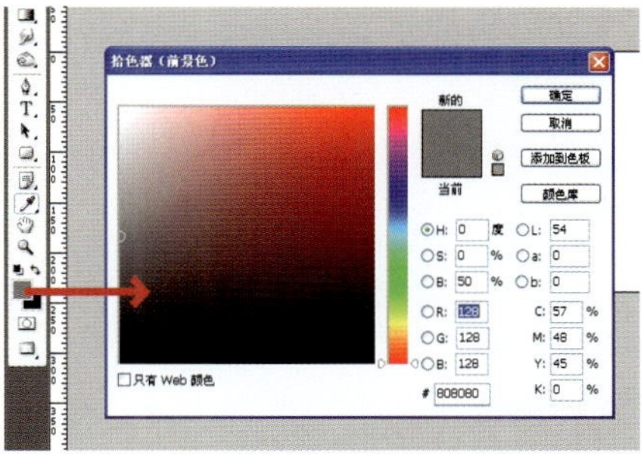

❷ 按“设置前景色”钮，跳出窗口后选择灰色，再点击确认钮。

❸ 填色。

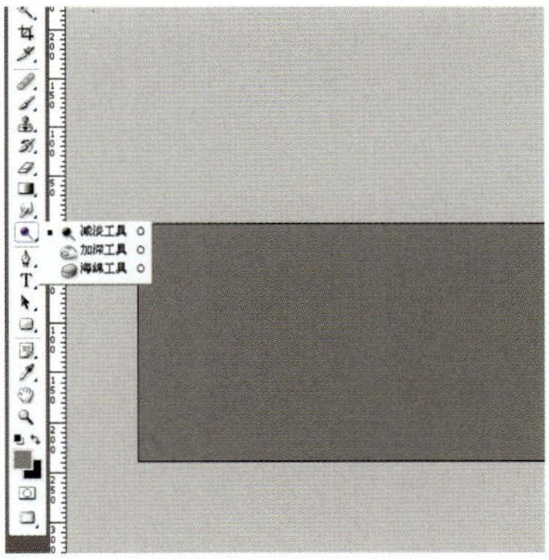

❹ 选择减淡工具。

❺ 注意画笔的大小范围，直径约与文件宽度大致一样。

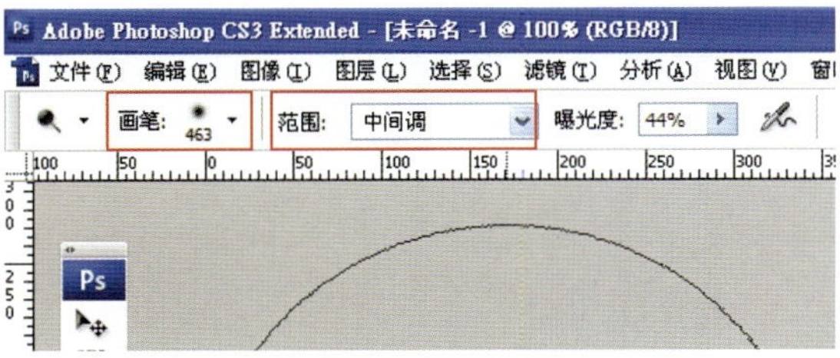

⑥ 调整画笔大小，范围设定为中间调。

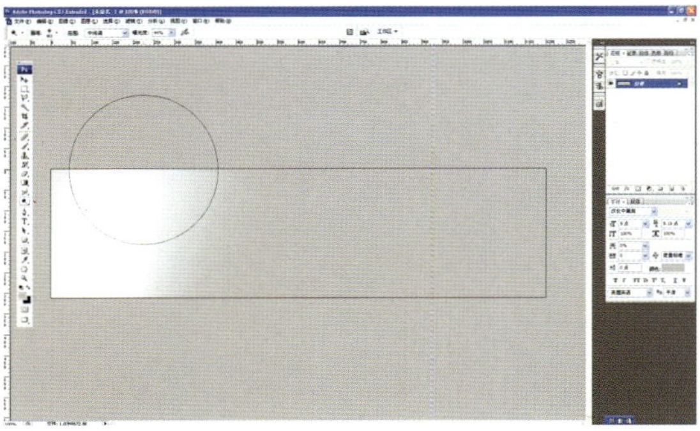

⑦ 在左边刷出亮度。

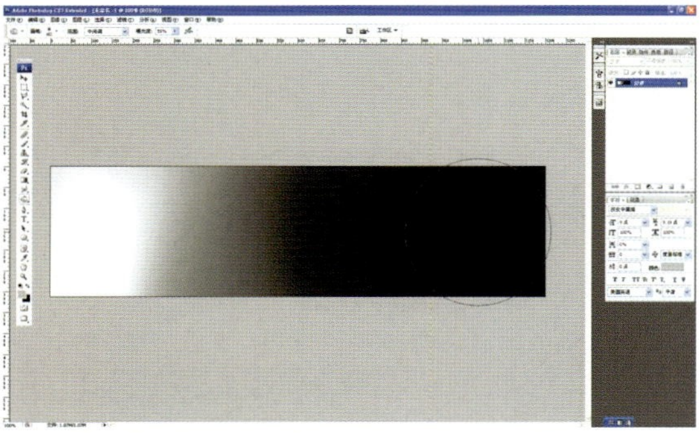

⑧ 使用加深工具将右边刷暗，这样交替使用两个工具，可以看到渐变的明度出现。

这个技法可调整影像的整体效果，我常常在加深天空的层次或周边加深时运用，也会利用它制造光源方向。

拍摄的影像带有天空时，若没有加偏光镜或中灰渐变镜，那获得的天空层次往往并不明显，使用加深工具在天空位置抹一下，即可获得如使用中灰渐变镜的效果。也就是说，让天空的上层减少曝光，压暗一些。

若有白云，我会再用减淡工具让白云凸现出来。加深与减淡工具交替使用，可以让影像层次更棒。

从我以往的作品中可以看到，很多影像的外围都有暗角现象，那不是镜头造成的，而是刻意使用加深工具降低曝光而产生的筒状聚光效果。加深与减淡工具也可以制造出光束的感觉，原理还是减少或增加曝光的范围与区域。从第39页的示范中，可以看出它们的差异。

Photoshop tools

使用加深工具将蓝色的天空与白云加深，再用减淡工具提亮下方的亮处和云彩等。

使用加深工具加深蓝色的天空和云层，再用曲线工具加强对比度。

用直线工具画出影子部分，羽化边缘，用加深工具抹暗，用加亮工具提亮光的投影部分。

红线表示加深工具运用的区域

常用调整功能说明：色阶

色阶位于图像>调整>色阶，它主要用于调整色彩的亮度、暗度和反差比例，针对最暗与最亮的分布范围进行调整。

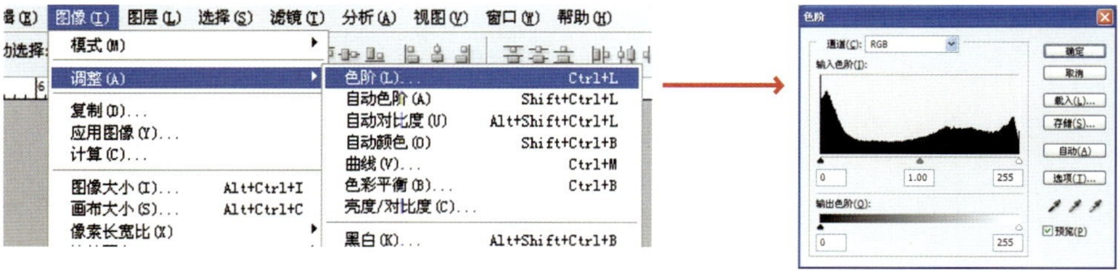

色阶常用于调整影像的反差与曝光，若是反差较大的情况，将中间滑块向左移动，也就是让中间灰阶与亮的地方多一点，减少暗的地方与中间值的范围。从以下影像中可以看出它的差异。

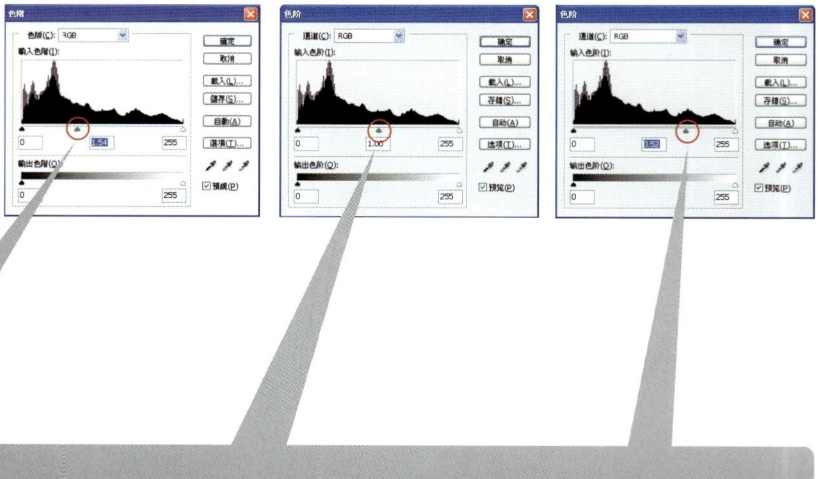

Photoshop tools

将中间阶调向上提高，提升整体明度。

明度提升后，暗部的细节也会显现出来。

调整色阶是将整体影像阶调重新调整，暗部的层次与内容会因此而浮现。

常用调整功能说明：曲线

曲线位于图像>调整>曲线，主要用于调整影像的阶调性和反差，功能与色阶相近，也可以利用它进行细部的设点调整。与色阶的差异在于：曲线是线性阶调，获得的层次比较平顺。

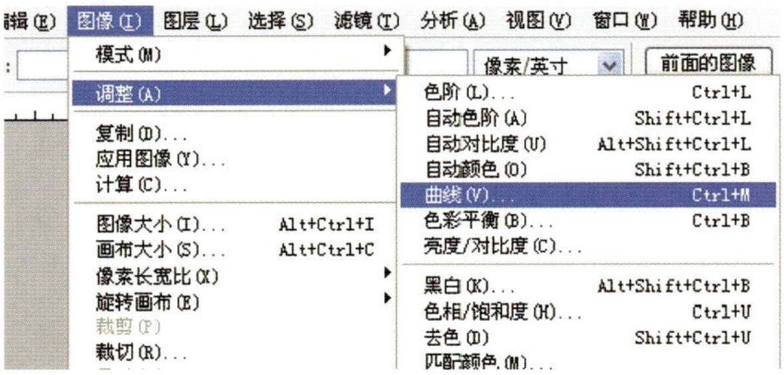

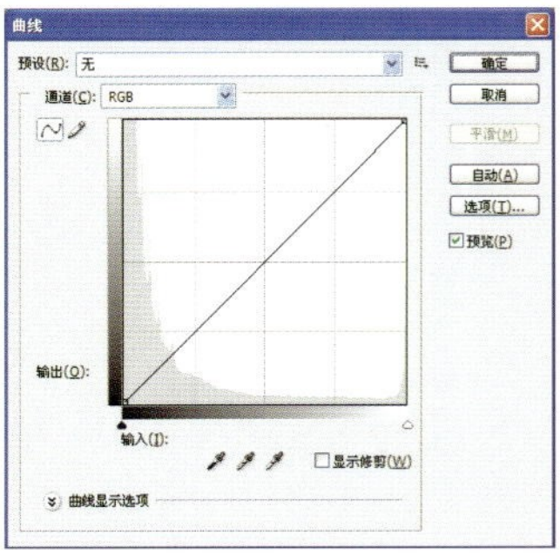

以下图为例，反S形曲线可获得较小的反差，让影像的亮部与暗部差距较小；而正S形曲线则会加大反差。

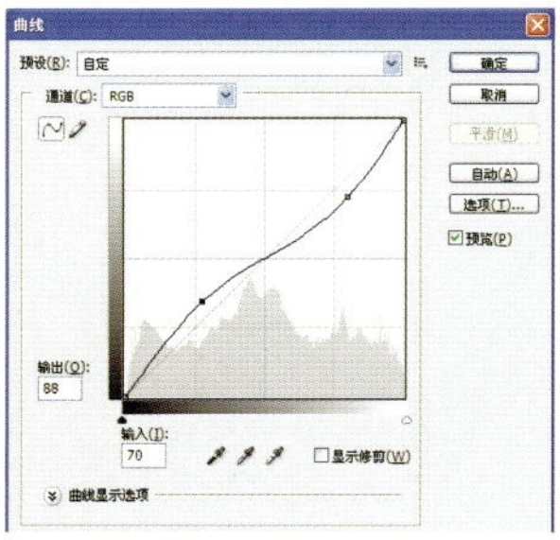

减少反差

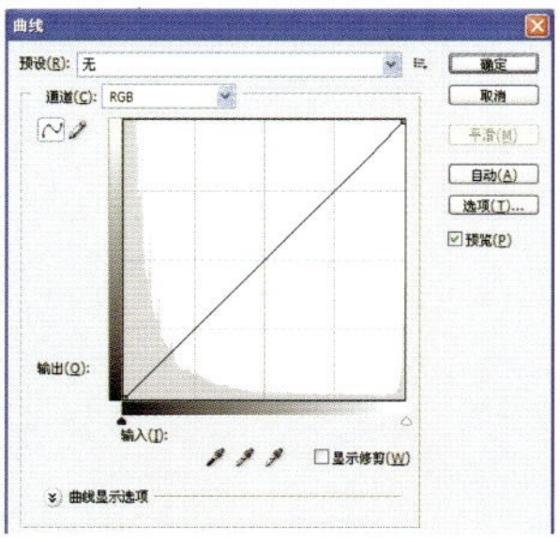

原图

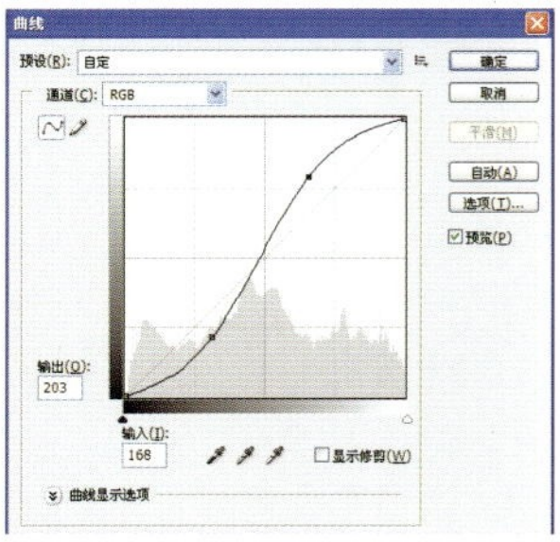

增加反差

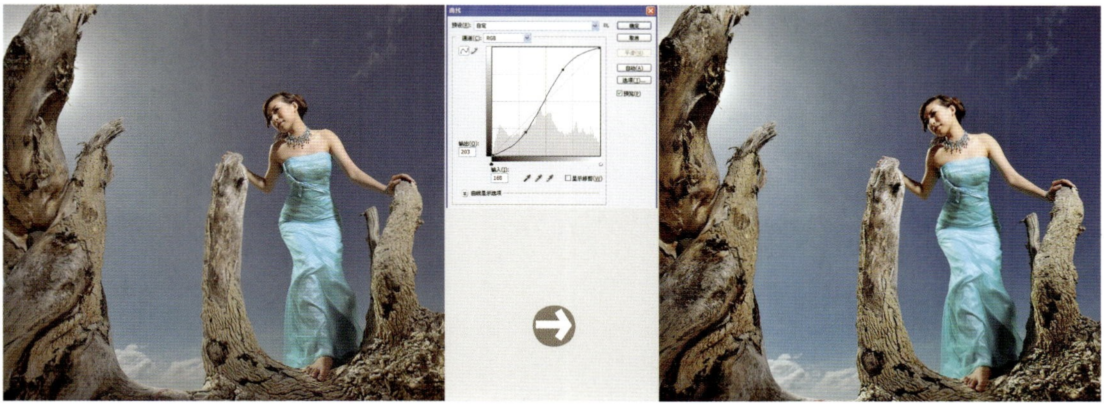

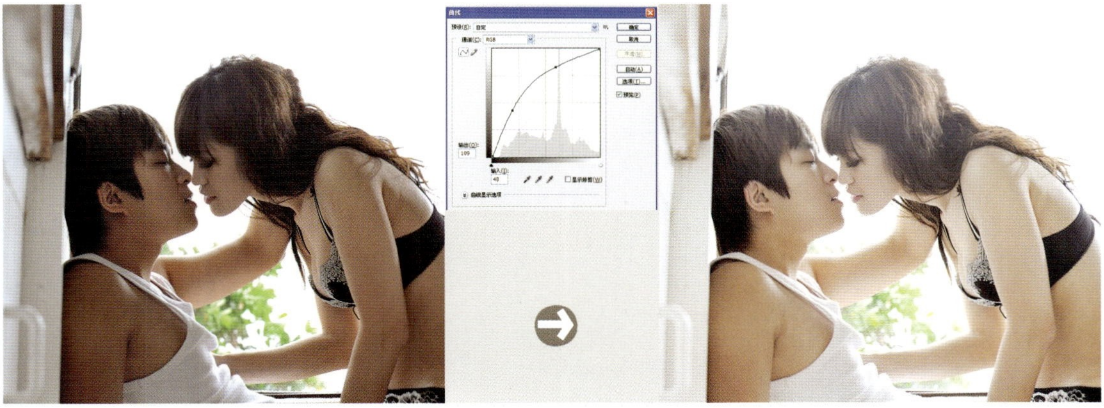

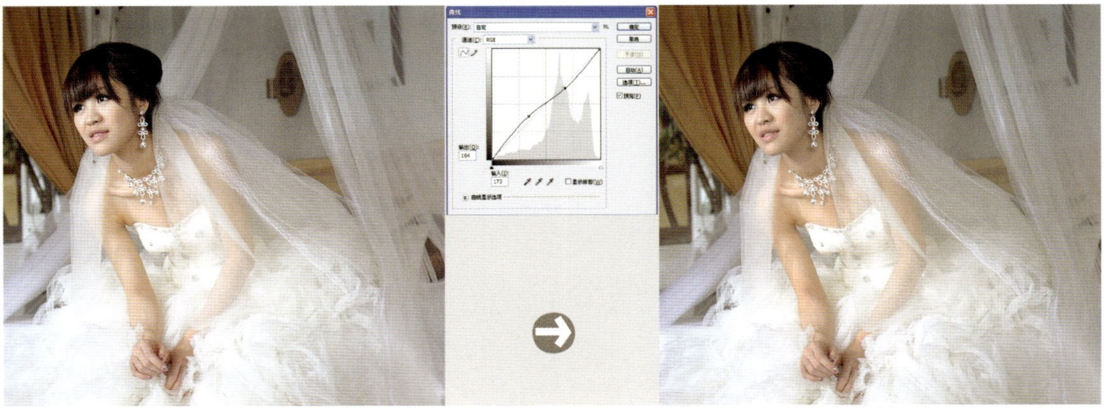

常用调整功能说明：色相/饱和度

色相/饱和度位于图像>调整>色相/饱和度，它几乎是每次调图都会使用的工具，无论增加影像的色彩饱和度还是降低饱和度，都可以用它进行调整。

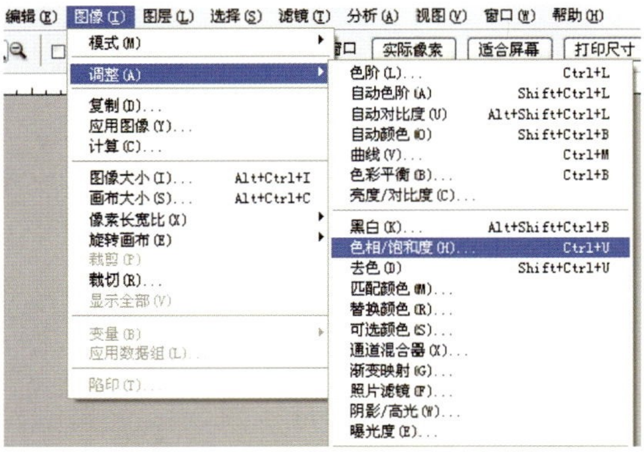

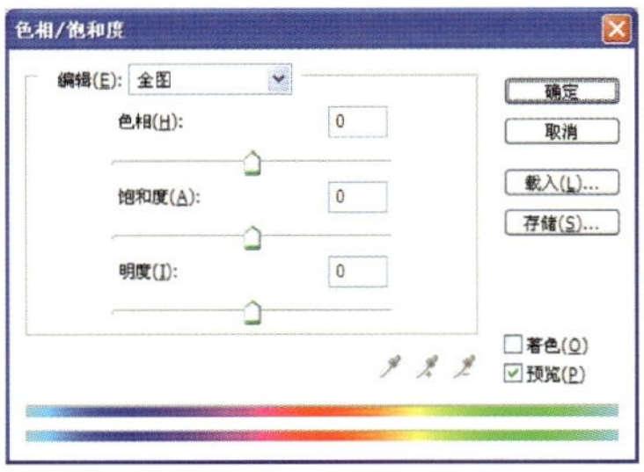

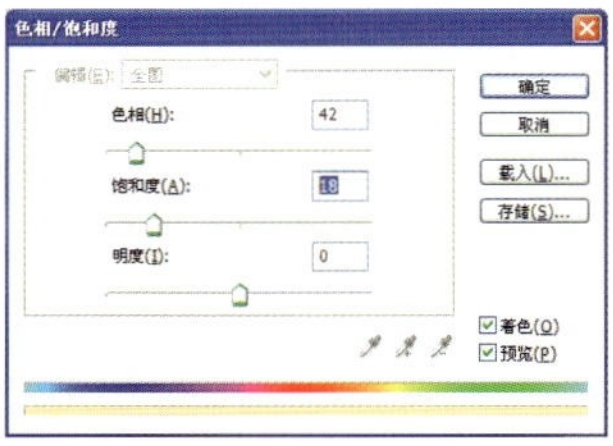

改变整体的色相

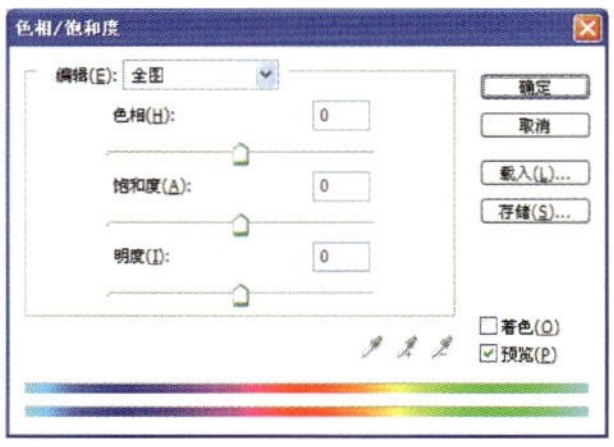

原图

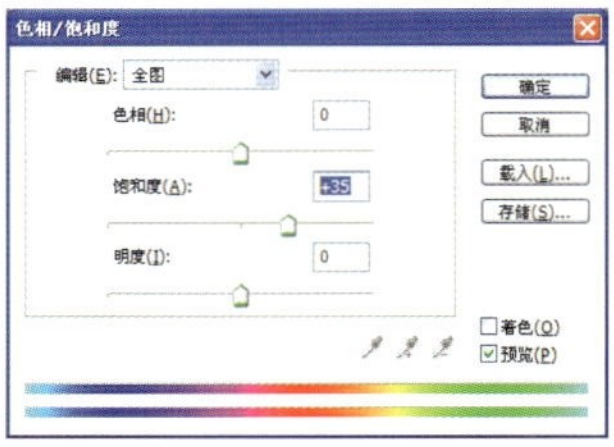

增加饱和度

Photoshop tools

常用调整功能说明：色彩平衡

色彩平衡位于图像>调整>色彩平衡，要改变整体的色彩平衡(如色温或白平衡)，可利用色彩平衡对话框中颜色滑块进行调整。

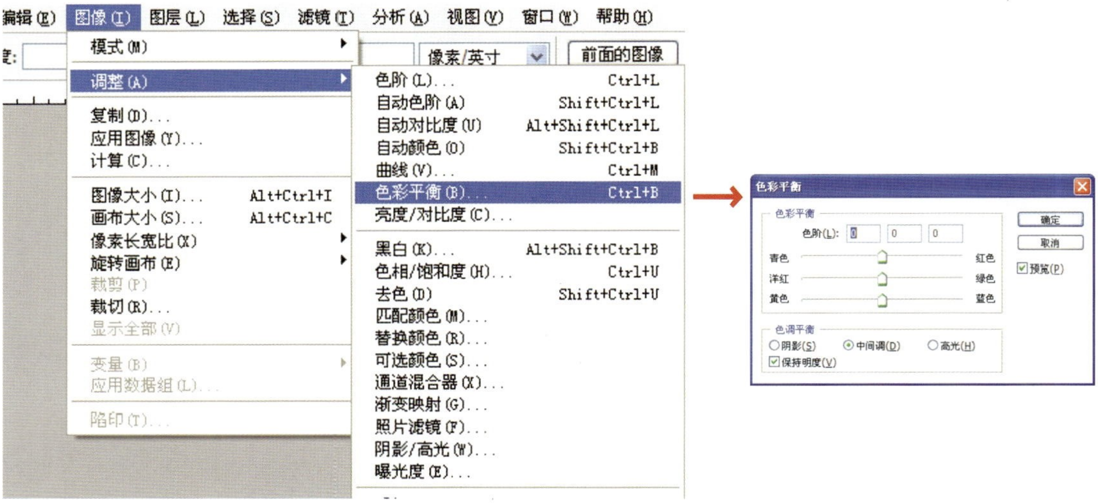

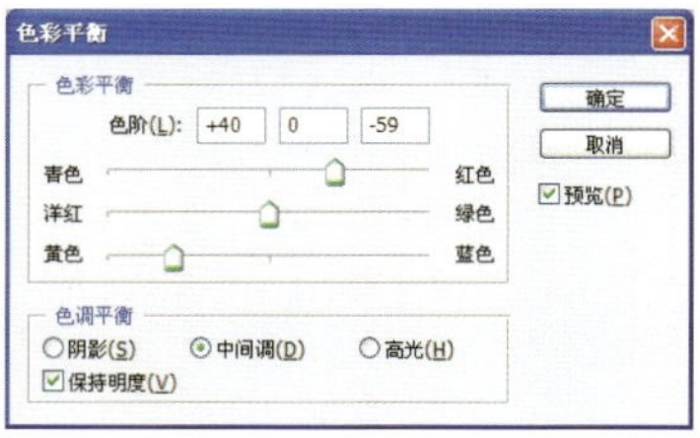

使整体色彩偏红黄，有黄昏的感觉

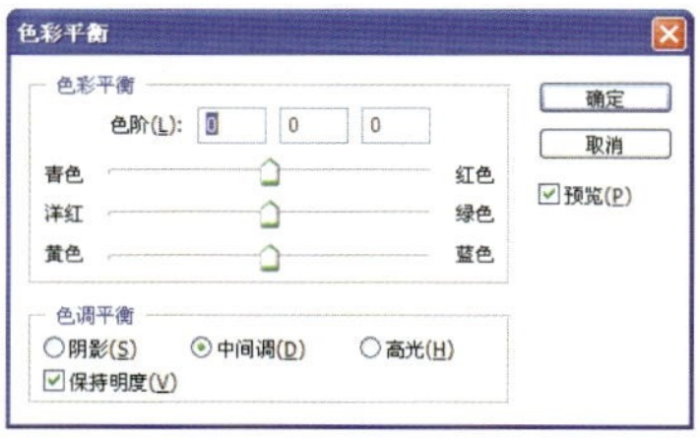

原图，上午11点拍摄

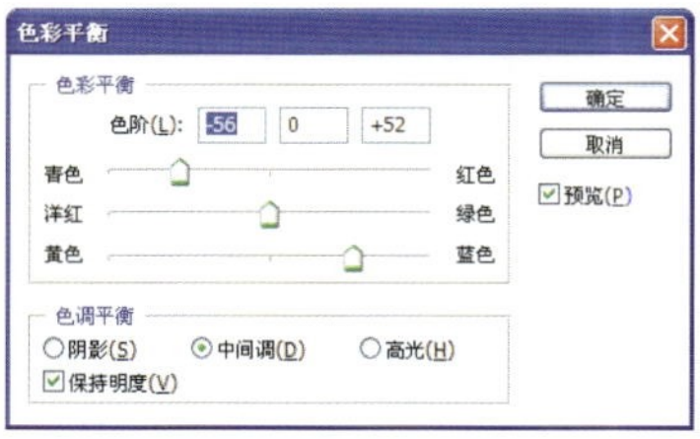

影像偏青蓝，有清晨的感觉

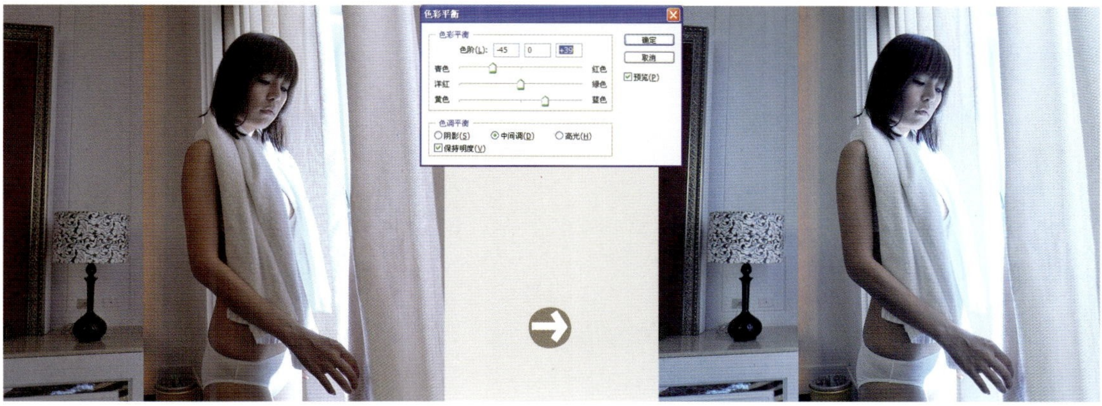
色彩平衡
色彩平衡
色阶(L): -45 0 +39
青色 红色
洋红 绿色
黄色 蓝色
色调平衡
阴影(S) 中间调(D) 高光(H)
保持明度(V)
确定
取消
预览(P)

色彩平衡
色彩平衡
色阶(L): +23 0 -36
青色 红色
洋红 绿色
黄色 蓝色
色调平衡
阴影(S) 中间调(D) 高光(H)
保持明度(V)
确定
取消
预览(P)

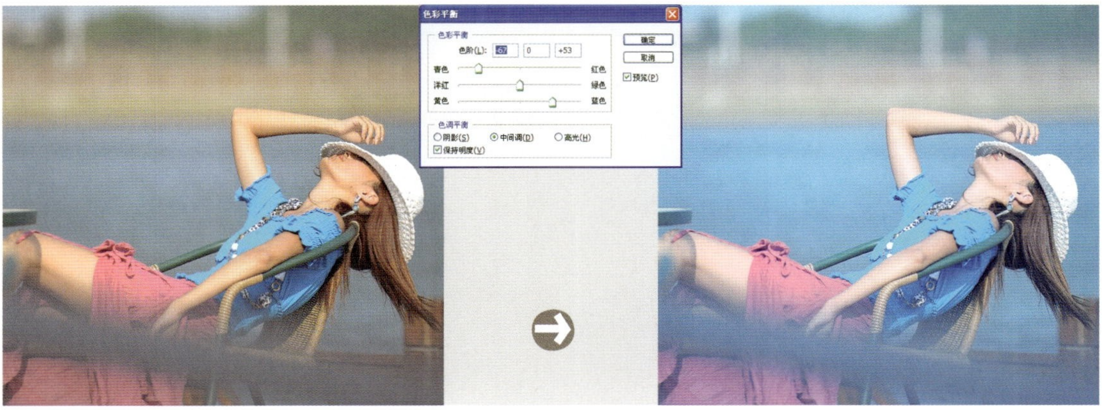
色彩平衡
色彩平衡
色阶(L): -67 0 +53
青色 红色
洋红 绿色
黄色 蓝色
色调平衡
阴影(S) 中间调(D) 高光(H)
保持明度(V)
确定
取消
预览(P)

常用调整功能说明：替换颜色

替换颜色位于图像>调整>替换颜色，若想将影像里的某一个色相变更为其他颜色，使用替换颜色功能调整饱和度范围，即可轻松调整选取颜色的色相。

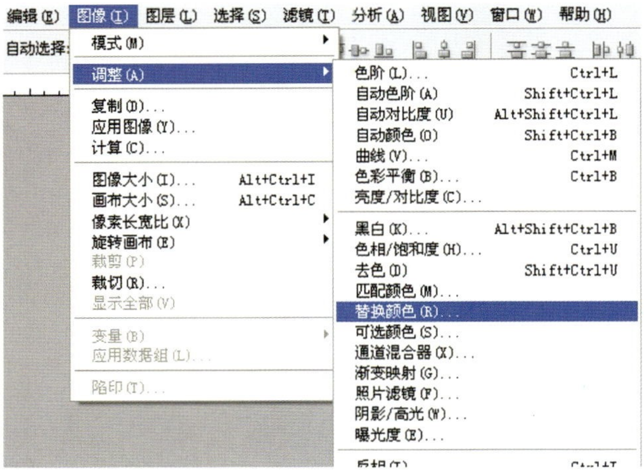

以下图为例，选取影像里的绿色，将颜色容差调至169，在预览图中可以看到白色部分表示将会变更的范围与程度，范围可以依色彩明度与饱和度分布进行调整。我将绿色部分全部更改为枯黄的效果，色相改为近似枣红色。

Photoshop tools

选取天空的蓝色，降低明度，增加饱和度，效果更深沉。

选取脸部的暖色，降低饱和度且提高明度，肤色与肤质会更好一点。

选取绿色，降低明度，提高饱和度，让色彩更加扎实且饱和。

调整功能与工具交替使用：综合应用

之前讲解且示范的是单一使用某一工具或调整功能获得的结果，目的是让读者了解使用这些工具与调整功能时，会获得的效果及使用时机。基本上，要将一张影像调整至理想状态，需要将这些工具与调整功能交替使用，每种调整功能完成的效果都不一样，为达成不一样的目标，了解它们各自的功能是必须的。所以，需要的饱和度是高饱和度还是低饱和度？色相要暖调还是要冷调？影像的亮度需要调整到什么程度？应当增加还是减少反差？这些都是读者观察需要调整的影像时，应该考虑的内容。

我们来看一下这两张图调整前后的差距与变化。

影像中云的层次可以再加深一点，将人物与背景做区隔，对比度可以再提高一点。光的感觉必须要提升，使焦点聚集在人物身上，增强气势。色温应调整为黄昏时的感觉。

影像的气势增强了，可以明显地衬托出云的感觉。通过调整色彩平衡，使影像呈现出黄昏的感觉。外围使用加深工具，让光影的集中更加明显。提高对比度，也提升了影像的质感。

步骤一：利用加深工具改变明度层次

使用加深工具加深外围的层次，注意画笔的大小，因为影像的尺寸不一样，使用画笔的范围也不一样，所以判断好影像尺寸，将外围加深。

步骤二：利用替换颜色改变天空饱和度

利用替换颜色调整功能选取天空部分，加强饱和度且降低明度，让天空的深沉感与云彩做对比。

步骤三：利用曲线工具增加对比度

利用曲线工具提升整体的影像对比度，饱和度与明度会有整体变化。观察白云部分和模特衣服的明度。

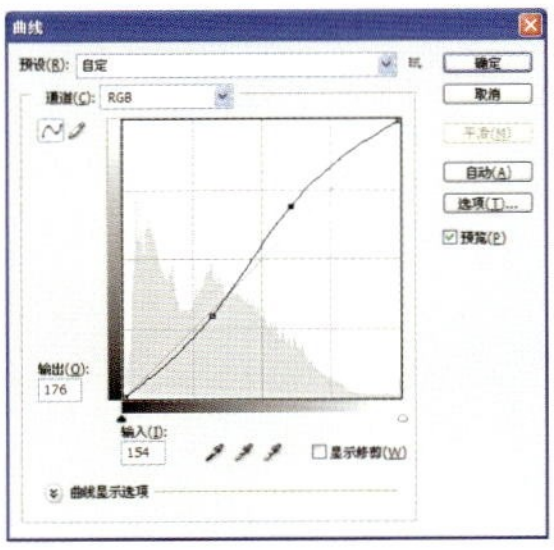

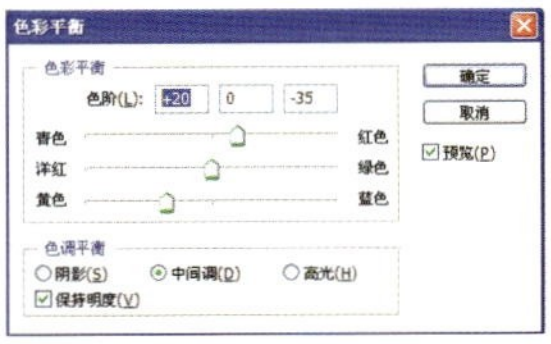

步骤四：利用色彩平衡改变色温

拍摄时，使用自动白平衡矫正现场黄昏的色温。现在利用色彩平衡提升黄色与红色的平衡。

步骤五：利用色相/饱和度降低饱和度

因为使用了曲线工具和替换颜色与色彩平衡功能，在对比度与色彩上比原始影像要艳一点，观察后使用色相/饱和度降低一点饱和度。

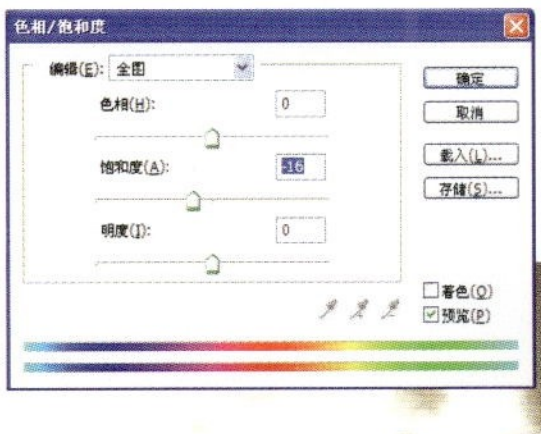

调整每张影像要所使用的工具与功能都不一样，要看自己的判断与偏好，没有一定的标准。以这个范例来说，要不要改变色温就是一个抉择，保持原来的平衡或许更加清朗；利用色彩平衡调整后，是否增加了影像的氛围？其实是见仁见智，与个人偏好有关。这些工具可在明度、饱和度、色相与反差上做调整，目的在于改变原始影像的样貌，完成自己想要的风格。在进入下一章前，建议您清楚地了解每项工具与功能的根本原理和效果，这样您在调图时会更加得心应手。

Retouch

第三章

缺点瑕疵修饰技法

缺点和瑕疵的修饰，在传统暗房内是一项不可不学的技巧。摄影在尚未进入数码化的胶片时代，要美化皮肤或去掉脸上的斑点，都要靠铅笔或刀片。黑白胶片的负片上，脸上的黑色斑或痣在底片上是白色的，有经验的师傅会将2B铅笔削得跟针一样尖细，然后用点的方式将瑕疵修补上，让周围肤色的明度与斑点一样。皮肤上的疤痕或白斑点，在底片上呈黑色，老师傅会用小刀片小心地将它刮除。这样的技巧非常花时间，也需要极高的技巧。现在摄影数码化了，要消除这样的斑点只要几秒钟，人人都是修片师傅。

斑点虽然可以克服，但对于想改变脸型、身高或需移花接木，是不可能用一张胶片来完成的，但使用Photoshop等影像处理软件是可以轻易完成的。本章介绍的就是几项工具相互搭配，达到修片的目的。

本章介绍了如何利用图章与修复工具修改与美化皮肤、使用液化功能美化脸型与身材，以及利用图层改变身高等技巧。若要更进一步，还可以做到移花接木的效果。这也是一种技巧上的练习，是在数码暗房必修的一门课。

Skin tone

Skin tone

Chapter 1 肤质的改善——图章与修复工具

右图是用相机直接拍摄的影像，未经后期处理。我认为，在光影柔和之下，肤质的表现尚可接受，没有太大的反差。但若仔细观察，可以看到人物脸上有小痘痘。当然，我们可以忠实地表现出模特的本质与样貌，但因本例呈现的重点是模特脸上的表情、眼神与肌肤。若能将它修得完美，效果会更好。

肤质状况的修改有两种情况：一是保留皮肤的质感，去除痘痘与斑点；二是以情境式的美化，让肤质洁白无瑕。前者保留皮肤的质感，有毛孔和纹路，而后者则只有明度与饱和度。近年来，摄影作品常常上传至网络，以目前屏幕的分辨率而言，要观察出皮肤的毛孔并非易事，所以第二种修图的方式不仅速度快，效果也不错。但若需将影像放大或印刷，肤质还是必须保留的。

肤质美化一

1

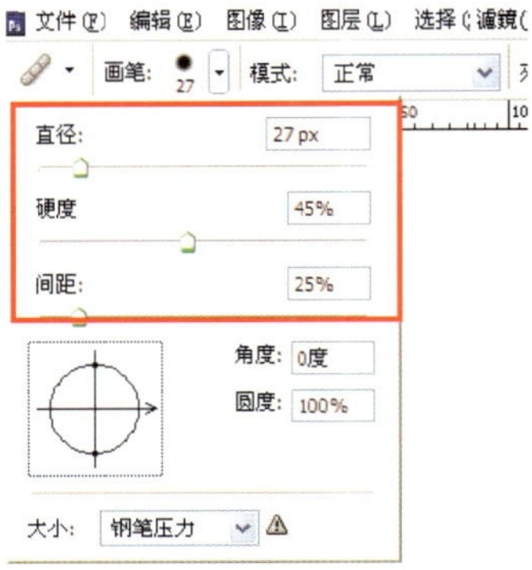

使用修复画笔工具，将画笔直径调整至与影像中痘痘同样大小，可参考右图的调整值。尤其是硬度部分，若百分比较高，容易出现画笔的边缘；降低硬度，可比较柔顺地去除痕迹。硬度部分要多尝试几次，再确认要使用的硬度值。

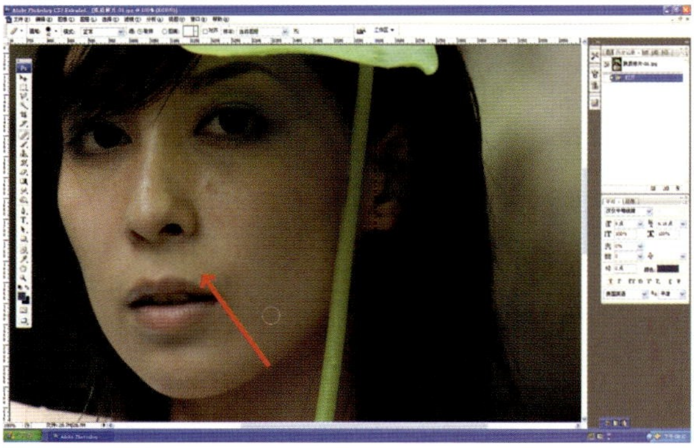

找出肤质最佳处

找到脸部肤质最佳的地方，按Alt键，以此处作为肤质的复制区，再点除脸部瑕疵处。

2

找到肤质最佳处，选取一块，复制到新的地方而不带明度与饱和度。你会发现复制过去后不会有色差。注意，不要将质感复制到有明暗区别的交界处，否则会有染色的情况(如下图)。

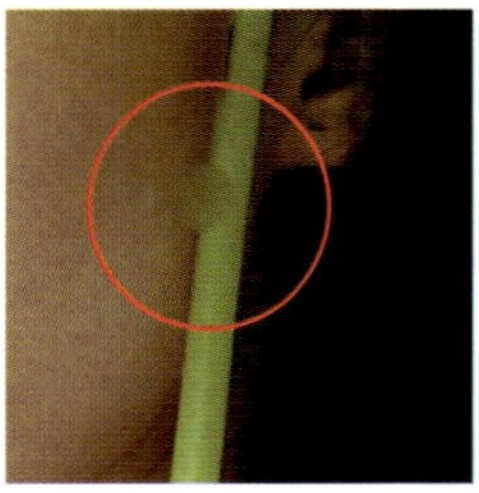

Skin tone

每次点除时，可以选择不一样的复制区域。因为皮肤有明暗且毛孔粗细不一的情况，可选择类似的区域范围复制后点除。

3

点除脸上的细纹和斑点等，选择肤质平滑之处，然后点选斑点或细纹，你会发现不一样的硬度，获得的效果是不一样的。一般来说，我会用50%为标准，然后上下微调。

效果

经过多次的修补，模特整个皮肤干净了许多，且质感更柔和，这样的方式可以应用于全身，包括双手和肩部等。尤其是手臂，一般来说都会有小时候种痘留下来的疤痕，只要用修复画笔工具，很快就可以修补至完美无瑕。

放大的效果。

肤质美化二

这种方式会使用图层工具，而整理后的影像与肤质效果更加梦幻。

1

如之前的步骤一样，先去除较明显的痘痘，这样可避免之后的操作使痘痘出现明暗反差。

2

修整所有的瑕疵、痘痘与细纹，修整得越彻底，之后的步骤越有效果。

确认瑕疵都已经修整完了。

Skin tone

3 复制图层

复制三个图层，虽然在操作的过程中只会用到的两个图层。保留一组，是为了出现错误时还可以再复制。

上面的图层将会被局部擦除，中间图层要模糊化，下面的图层则为备份用。

4 模糊化

这里要注意，影像原始文件的大小会影响半径的设定值，文件尺寸越大，需要的值可能就越大；若文件尺寸较小，却设定了较大的半径值，整个影像都会模糊掉。

使用高斯模糊第二图层

可以将第一层的图层的眼睛图示关掉，这样就可以看到第二图层模糊的效果。

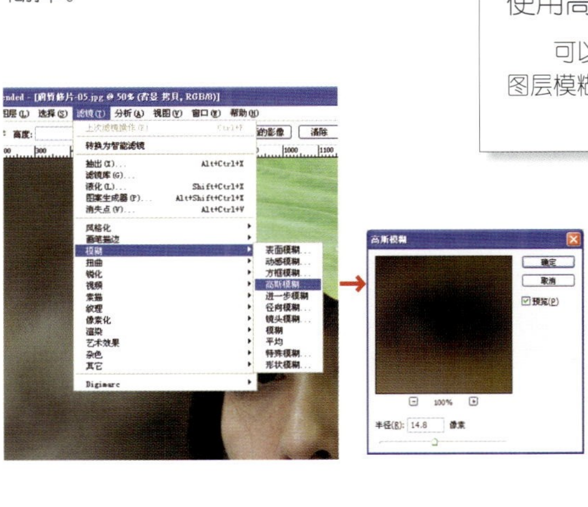

5 擦除皮肤部分

擦除皮肤部分

选择第一图层，用橡皮擦工具将皮肤部分擦除，擦除第一图层后，可以将第二图层的影像显露出来。不过要注意画笔的大小与百分比。画笔较大，容易擦去细节；百分比较大，会完全擦除第一图层的影像。若设定的百分比为50%，则擦过一次会保留一半的半透明影像，它与下方的第二图层结合呈现。这种方式还是具有一定价值的，若全部擦除后呈现下方的模糊影像，则毛孔与肤质都会消失，若能保留一点，皮肤会更具有质感。

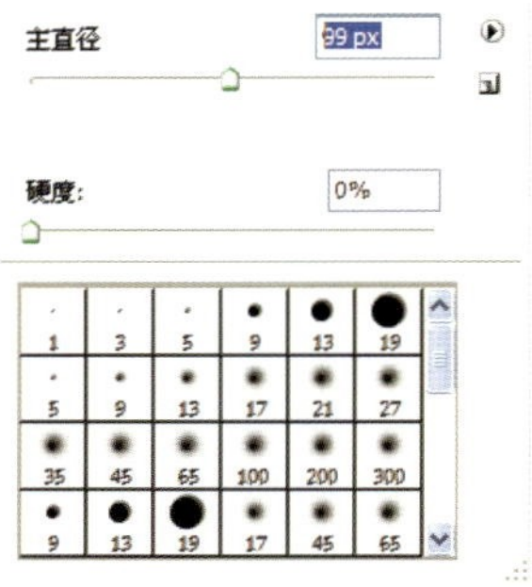

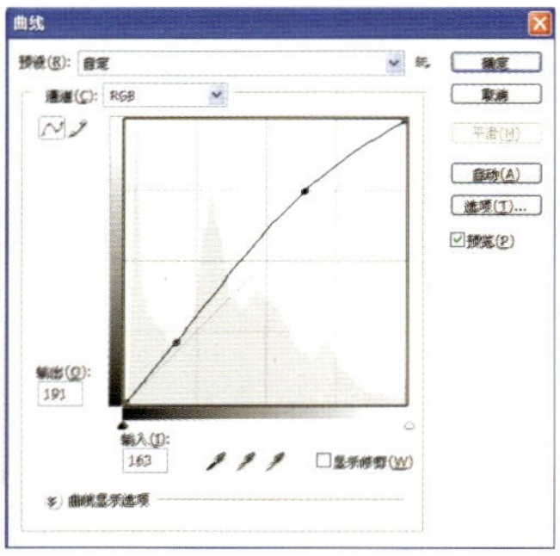

6 影像合并后的调整

明度、饱和度与色相的调整，加上反差的确认

调整后，肤质的感觉上已经很梦幻了。细腻的皮肤与柔顺的调子，再变化明度、饱和度与色相，让影像产生鲜明的个人风格。

过程如前几章介绍的，确立好自己的目标，右图是我为这张作品诠释的定义与风格。

Skin tone

原图

两张影像的差异，你看出来了吗？除了肤质的改变，仔细观察，看出我调整过哪些地方吗？

找出它的明度变化，使用哪些工具？色相偏蓝还是偏红？对比度如何调整？加深及减淡工具的使用范围？

Liquefy

Chapter 2 脸型的改善——液化

上一节中，我们已经将模特的皮肤处理得很理想了，对于后期调整的气氛与色调，也获得让人满意的效果了，接下来我们要鸡蛋里挑骨头了。模特Sara是我合作多年的伙伴，在肢体和神情等方面都有极佳的表现，但某些角度的修改，可以让影像的呈现更加完美。

很少有人的五官与脸型是天生就完美的，但经过数码暗房的调整，即可完成只有整形外科手术才能办到的事。以右图来说，模特拥有很美的五官，但颧骨的线条最好再顺一点，脸颊可以再丰腴一点。每个人对美的定义不同，喜欢的脸型也不一样，如果用于商业用途时，在客户的要求下，很有必要当一回数码整形外科医师。

1 找出修改位置

根据下图，找出脸型需要修正的部分。

注意几个关键点：

1. 不要让脸部变形，也就是不要移动五官，否则脸部边缘也会跟着改变，对称感就会消失。
2. 注意肌肉和骨骼的位置应符合人体解剖学。
3. 注意修改的背景是否有直线元素，如门或柱子等，这样的地方经过修改，很容易看出破绽。

这张作品，我会调整的地方包括：

1. 缩小颧骨。
2. 丰满脸颊。
3. 让下巴再尖一点。

使用液化工具，它会打开另外一个工作窗口。图中的红色箭头是我挪移的方向。

2 使用液化功能

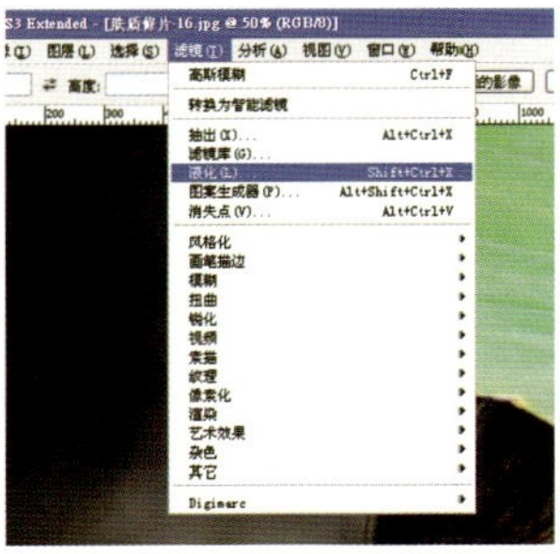

使用液化功能，它会打开另外一个工作窗口。我习惯使用第一个手指推的工具，即“向前变形工具”，然后调整画笔大小、密度和压力等，这些都会影响范围与力度。不过这也取决于个人使用鼠标时的细腻程度，有人可以很细腻地推，有人则会把旁边的东西都推到。

Liquefy

原图

你能看出脸部的差异吗？头发、肩膀、脖子和脸型我都微调过，你可以比较一下。

Transform

Chapter 3 体形与身高的改变——变形

这项调整效果是液化功能做不到的，必须通过图层的覆盖与变形才能完成。先调整原图的对比度与饱和度，外围加深，再去除不必要的物体。

基本上，经过明度与反差调整后，可以感受到色彩的张力与模特肢体的细腻度，由水上、水面和水底的影像交互辉映，把水的剔透表现出来。因为采取由上向下拍摄角度的关系，我认为把双腿修长一点似乎会更好。

1 圈选

圈选腿部范围

使用套索工具圈选腿部。

2 使用羽化功能

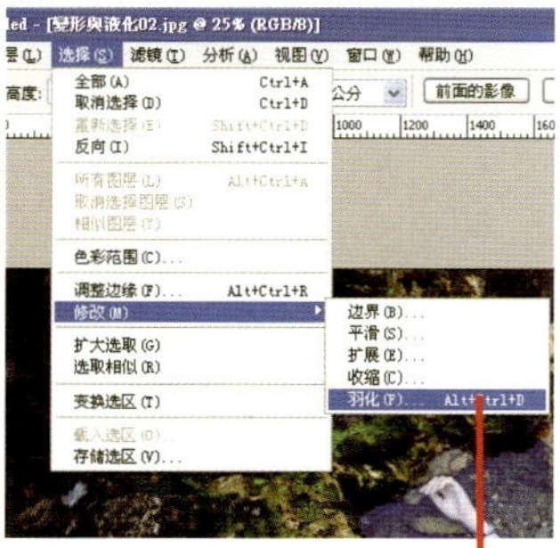

羽化功能的作用是使圈选的范围边缘模糊，让圈选后的影像不会有锐利的边缘，而与背景有明显的差距。

3 复制＋粘贴

按ctrl＋c键，然后按ctrl＋v键，你会发现多了一个图层，是刚刚圈选出来的区域。

Transform

4 变形

选择编辑>变形>扭曲，将第一图层向外拖拽，使用扭曲功能可以让四个角都改变。

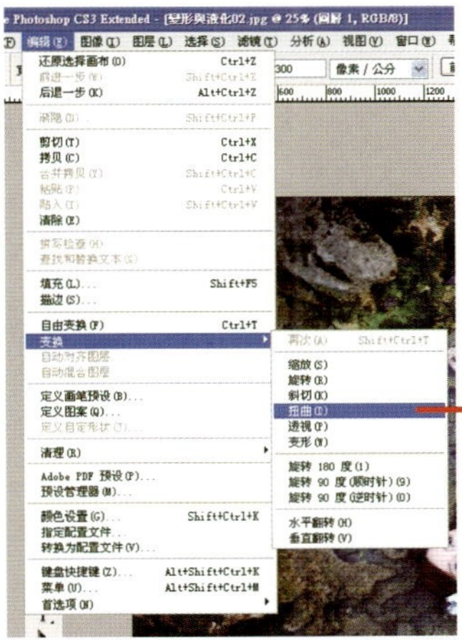

在拉动或移动的同时，需注意腿部与底图层的腿部及身体是否自然衔接。

双腿是不是变得更长了？

3 缺点瑕疵修饰技法

Combination

Chapter 4 移花接木——择优整合

移花接木，也就是将A图的元素放入B图中，达到整合的目的。以下面的婚纱摄影为例，各位请看以下两张图。

上图中，两位新人一起入镜，但是新娘的脸部表情并不是很好，若因此否决了这张又很可惜。在拍摄这张照片之前，曾为新娘单拍了一张类似的动作照片。我发现，如果取下图的动作与表情，代替上图的动作与表情，应该是可以的。

一般来说，拍摄动态的动作不会只拍一张，而会多拍几次，再从里面挑选完整且动作与笑容都满意的。很可惜，我在拍摄双人部分时没有将影像放大来看，没有注意到新娘因为甩裙子的动作需要力量，而致脸部表情不佳。

利用移花接木的技巧，可以很好地解决这类问题，不会留下遗憾。

影像合成在很多摄影比赛或展览中都是不被允许的，以我担任过多次摄影评审的经验看，还是有不少合成功力很强的作者。其实合成与作假一直被摄影人所诟病，但我认为二者还是有很大的区别。

影像最终如何表现与其目的息息相关，因为目的不一样，被允许的程度也就不一样。当然摄影有自身的规则需要遵守，但在商业用途与视觉传递这样的艺术摄影领域里，只要目的达到了，就能接受。在此之前，还是必须了解与练习合成的技巧，试试看是不是能做到天衣无缝呢？

1 叠图

将两张图打开，选择单人的影像。

按ctrl＋A键全选，再按ctrl＋c键复制。

光标移到双人影像上，按ctrl＋v键粘贴。

2 取舍

影像重叠后，降低上方图层的透明度，如此一来可以看到上下图层的位置，利用水平线或物体做比对，以确认正确的位置。

3 擦除

使用橡皮擦工具，将第一图层覆盖处擦除，底部的图层就会显露出来。

Combination

4 变形

将新娘的裙摆范围圈选起来，然后羽化边缘。

将裙摆的大小位置向外扩张，然后将左上方的缺角补全。

5 合并图层

确认后，合并图层，基本的替代与移花接木操作就完成了。

6 风格化

接下来就是调整明度、饱和度、色相与对比度，使影像风格化。

第四章

10套风格解析

Chapter 1

日式写真风格
肤质与特写

Chapter 2

靓丽的日系风格概念

Chapter 6

多彩饱和的喜悦

Chapter 7

张力的感受

Chapter 3
清淡的日系风格概念

Chapter 4
退色的老照片

Chapter 5
颓废的低调

Chapter 8
LOMO风格

Chapter 9
弥漫的朦胧感

Chapter 10
外围压暗的效果

Japanese Style
Skin tone

Japanese Style
Skin tone

Chapter 1 日式写真风格——肤质与特写

一张美女的照片，最吸引人的莫过于影像表现出来的质感，而皮肤的表现往往扮演着重要的角色。尤其在日式写真风格里，脸部的效果、肢体的肤质和人物的性感是绝大部分影像所呈现的重点，所以肤质的优化和修饰，是摄影者必备的一项技巧。以左图为例，按上述原则进行修饰，一定可达到美肤和提升情境的效果。

开始之前，我们先分析一下原图（下图）：

1. 整体色调要偏黄或棕色，饱和度需降下来。
2. 肤质的颜色有点偏红，除了降低饱和度，红色也要降下来。
3. 肤质和光影还可以优化。

其实这张作品只要提高亮度或降低饱和度就可以了，模特本身的肤质就很棒，但以营造个人风格的目标来说，还是有可调整的空间。

上图为佐木希的写真照片，可以看出在拍摄之前，摄影者对彩妆的注重及室内灯光的使用，二者让整体效果更柔和自然。在后期调整时，加入单色，让整体色调统一，也让模特的肤质和表情呈现迷人的特质。另外，加入图层制作了前后的柔焦效果。除了摄影的功力与在拍摄前准备方面下工夫外，后期的呈现也值得我们分析。

1 肤质优化

使用修复画笔将脸部的小斑、阴影和细纹等仔细地修复。

2 提升明度

利用曲线工具提升影像的整体明度。

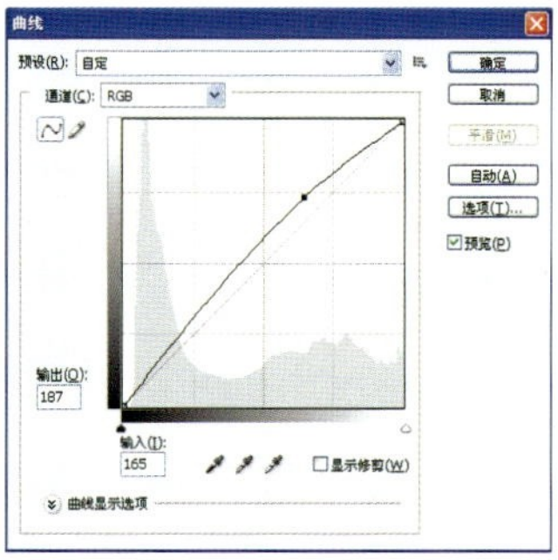

3 降饱和度

打开影像>修改>色相/饱和度对话框，降低整体饱和度。

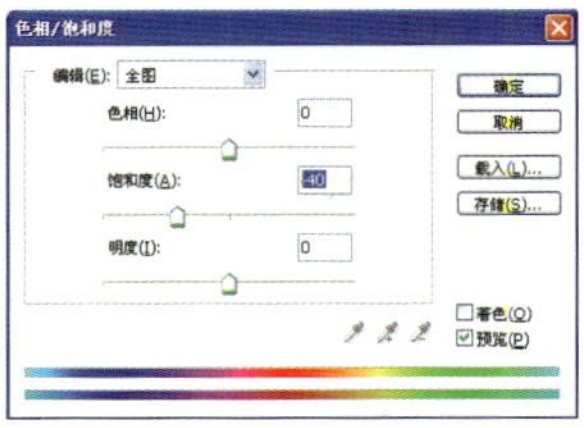

4 整体填色

新建一个图层，填满咖啡色，不透明度设为"25%"，图层模式设为"颜色"，然后合并图层。

5 加深与减淡

使用减淡工具，将皮肤的明度再提升一点。

6 外围加深

用加深工具将外围加深一点，光源可以集中在模特身上。

7 第一阶段完成

整体的色彩大致统一，色调氛围也与预期相符。

8 模糊外围

复制两个图层，在第二个图层上进行高斯模糊(可参考第三章第一节的示范)。

9 擦除第一图层需要模糊的区域

擦除第一图层的皮肤部分，同时将背景部分一起模糊，头发也要一起调整，然后合并图层。

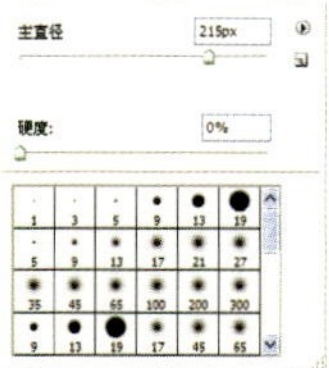

10 整形液化

为了有更好的效果，利用液化功能对脸部的线条也稍做调整。

11 减淡与加深工具

最后使用减淡与加深工具，尤其是对眼睛的明亮度和头发受光的效果整理。

Japanese Style
Skin tone

修改前

修改后

作品分享

使用同样的技法表现出来的肤质感，即使不一样的光源反差也可以获得很好的效果。

Japanese Style
Skin tone

Japanese Style
Hue & Intensity

Japanese Style
Hue & Intensity

Chapter 2 靓丽的日系风格概念

环境与人物 高饱和度+高明度

顾名思义，日式写真风格就是让影像充满了日本的写真味道。我们都知道，日本的写真并不是由一位摄影师完成的，也不是只一种风格可以代表日本的写真工业。但是从日本的写真发展来看，影像一直以来都弥漫着甜美、性感与靓丽的风格。或许是市场淘汰与选择的结果，我们所熟悉的日本写真视觉都偏向于这样的方式。分析一下日式写真风格的共同特点：

1. 高饱和度，呈现环境、阳光、景物与服装的饱和度，色彩饱和。
2. 注重肤质的描写与修饰，几乎每位日式写真模特的皮肤都是柔嫩靓丽的。
3. 性感、肉体、特写和眼神等的描写。
4. 注重自然，在生活场景或游玩时自然地展现肢体。
5. 在自然严谨的构图中表现摄影师的功力。

随意挑选几幅日式写真，可以一窥究竟。

风格分析

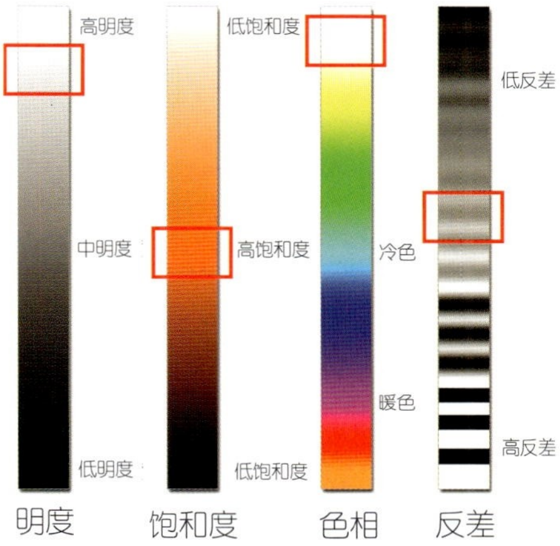

利用上图来大致分析，明度趋向于高明度，利用光线和反光板等，将影像提亮，使整体呈现通透的感觉；正因为高明度的关系，肤质的表现也相对提升了。饱和度部分维持物体的原色，包括服装、道具和饰品等，再提高整体的饱和度。在色相部分发现比较少见的偏色使用，如偏黄红或冷调等的后期效果。而反差方面，日式写真利用自然光源的技巧非常高，有时也利用闪光灯制造自然光的效果。光线强烈的情况下，暗部的补光就很重要了，暗部依然能有细节呈现。

范例一

1 分析

高饱和度与高明度的效果，先决条件在拍摄时就已经设定了，修饰时要注意高明度的反差和饱和度。

2 变换色调

原图的白平衡大致是准确的，不过我想变换一下感觉。目前，我们常看到网络上的日系风格，大多在高明度、低反差的效果下偏黄一点，以增加一点暖的感觉。

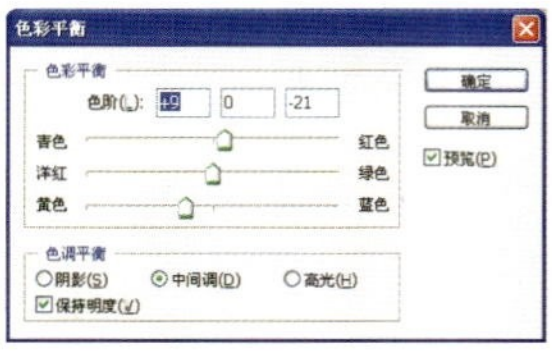

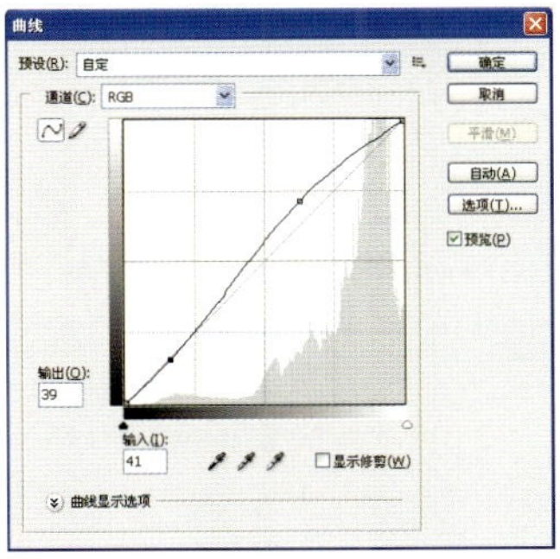

修改后

和原图的差别就在于，改变了影像整体的色调，感觉不会那么冷硬。

3 提高明度与对比度

利用曲线功能提高整体的明度，将曲线拉成正S形，增加一点对比效果。外围用加深工具涂抹一下。

范例二

1 分析

这张影像的反差不强，而且色温方面过暖了一点。

2 提高整体明度

利用曲线功能提高影像的整体明度。

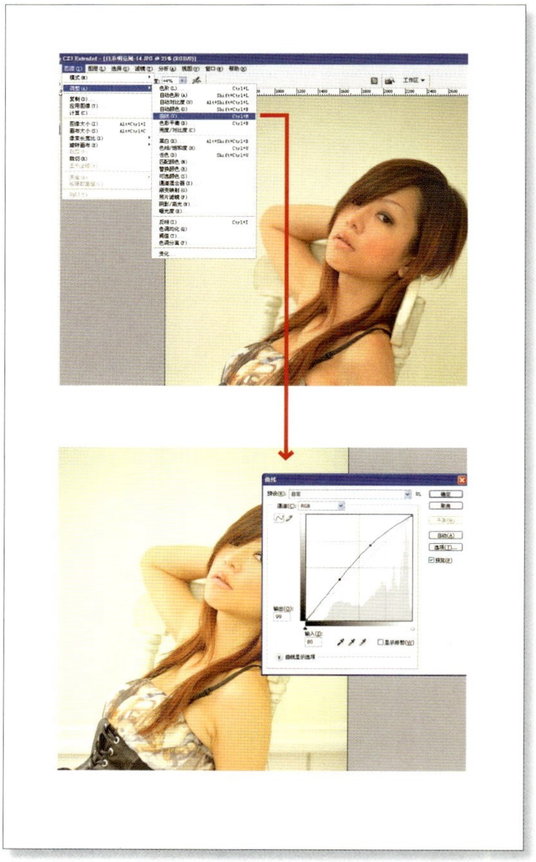

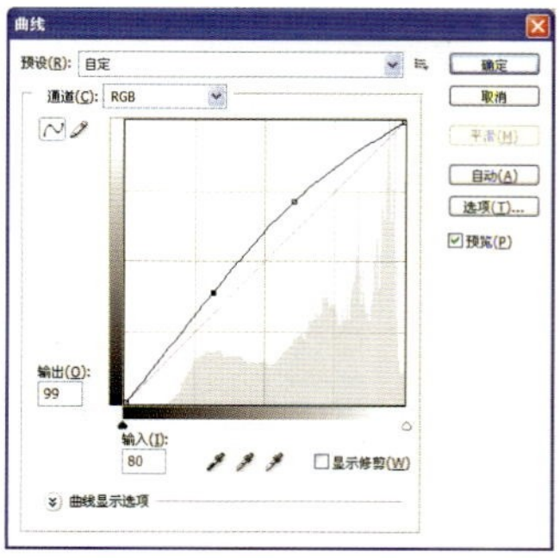

修改后

提高明度且修改色相后，影像的效果不再那么浓黄，而显得更清爽。

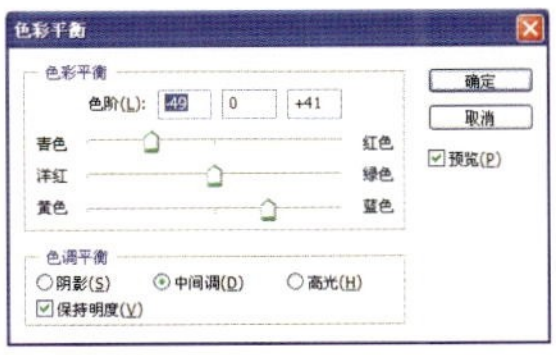

3 调整整体的色彩平衡

打开色彩平衡对话框，加入蓝色与青色。

范例三

1 分析

影像的饱和度和基本光线条件，满足改变成日式风格的高饱和度与高明度要求。

2 提高整体明度

使用曲线功能，提高影像的整体明度。

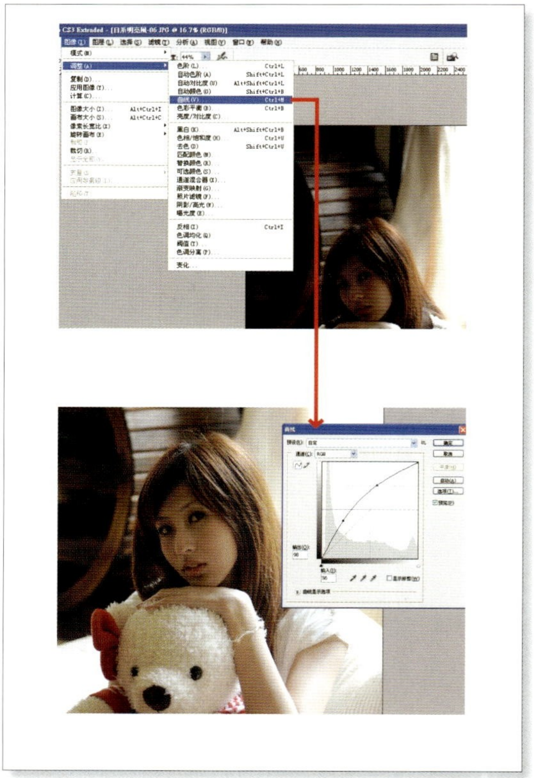

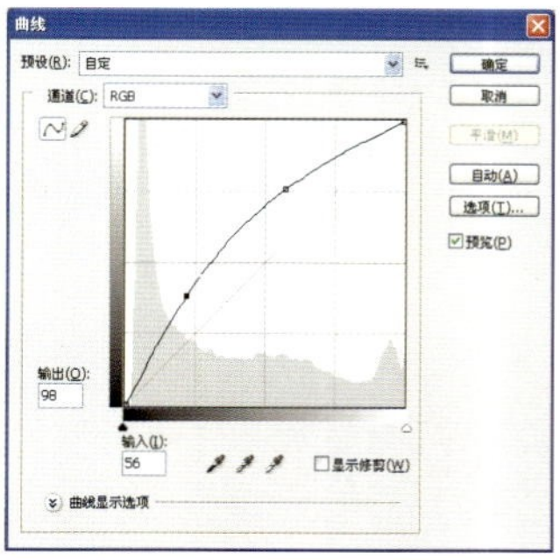

3 饱和度调整

打开色相/饱和度对话框，提高饱和度。

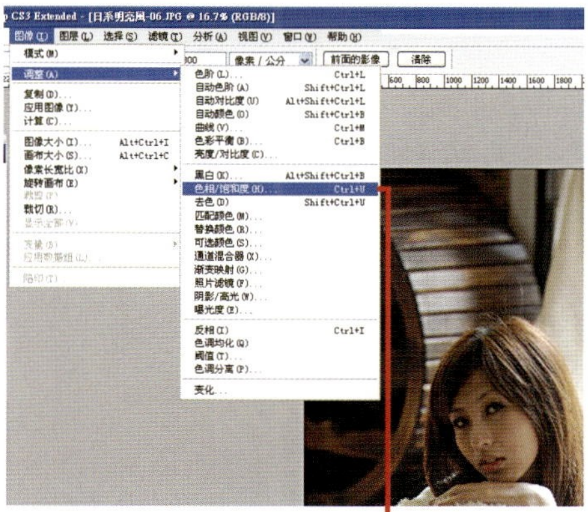

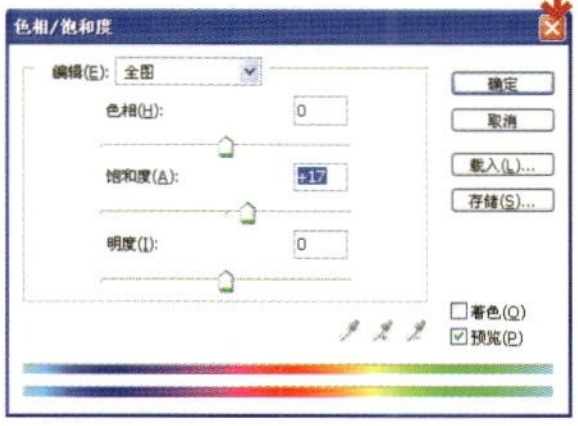

修改后

在高饱和度与高明度要求下，影像比原图更有气氛，效果更佳。

4

再次利用曲线微调明度。

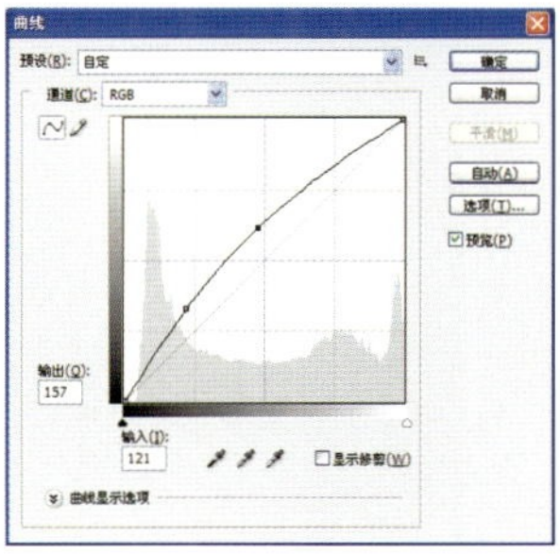

作品分享

使用同样的技法所表现出来的高明度与高饱和度效果。

Japanese Style
Luminance & Intensity

Japanese Style
Luminance & Intensity

Chapter 3 清淡的日系风格概念

环境与人物 低饱和度+高明度

日系清新淡雅风是日本摄影师较多采用的一种特殊影调，其特点为清淡平和，自然写意。日本知名度较高的摄影师如川内伦子和小林红晴等，其清澈的近乎悲戚的风格，吸引了众多的效仿者。

拍摄日系风格照片时，一般把风格设为中性，反差减一格，饱和度减两格，色调减一格；再使用大光圈，在光线明亮且均匀时拍摄，构图取景应均衡，适当留白，而且经常会选择逆光拍摄。

小林红晴作品

川内伦子作品

川内伦子作品

风格分析

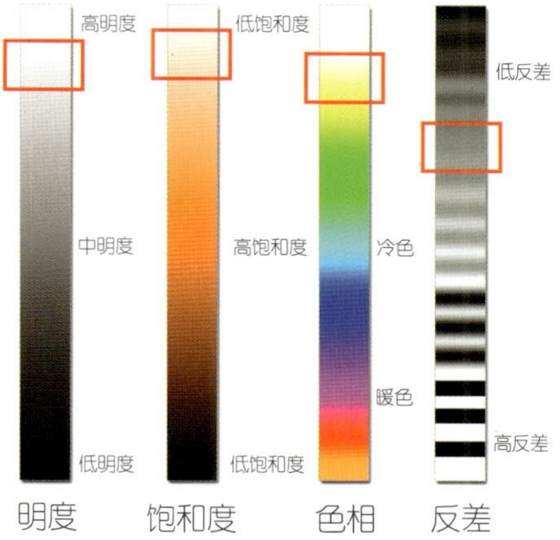

低饱和度和高明度的搭配，使画面蒙上一层薄雾的感觉，不清晰但有利于营造气氛。以高明度加上高饱和度，色相可以依照想要的影调而改变，在反差不大的条件下构图。

范例一

1 分析

原图看起来很普通，忠实地记录了现场的光源与天气。以日系的修改手法，可加强明度并降低饱和度，刻意加一点逆光效果。

2 提高明度

使用曲线功能提升整体明度，让某些地方产生过曝现象是可以接受的。

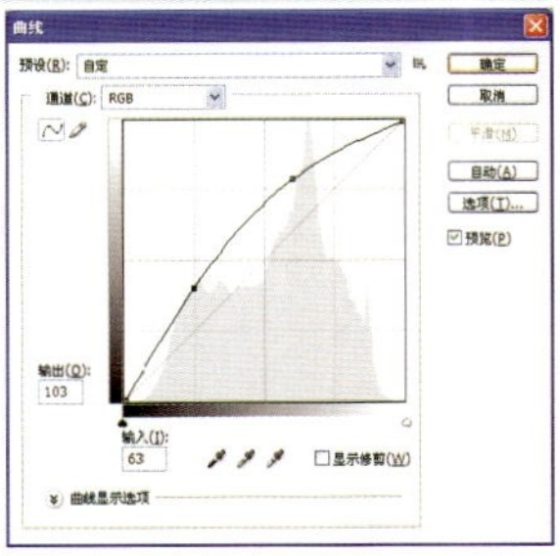

3 降低饱和度

打开色相/饱和度对话框，降低影像中的绿色，让效果不会显得突兀。

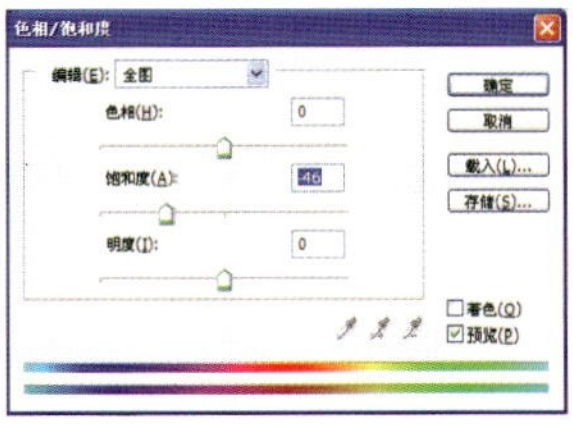

完成这两个步骤，就已经获得高明度与低饱和度的效果，接下来要营造一点气氛。

4 变更色相

使用色彩平衡功能，为整体色调加入一点点黄色与红色，让影像看起来温暖一点。

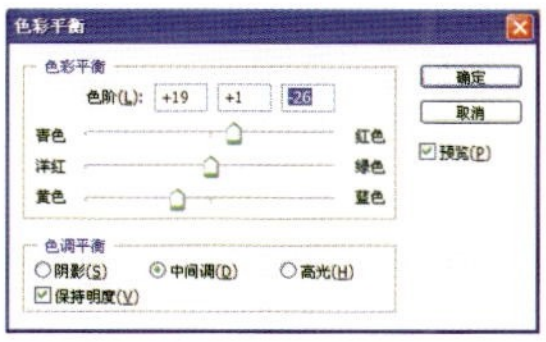

5 制造逆光

新建一个图层，用画笔涂一点白色在地面的水上，使它看起来有反光的效果，图层不透明度设为10%。

修改后

画面充满了阳光与浪漫的氛围，降低饱和度后，提升了影像的氛围与感染力。

范例二

1 分析

原图采用来自落地窗的自然光线，调子平顺，没有太大的反差，但背景与主体人物的反差较大，有点不协调。

2 提高明度

这张影像利用色阶功能提高明度，因为背景的明度太低，利用色阶可轻松提高，但局部的明度(如脸部)则需要稍后降低。

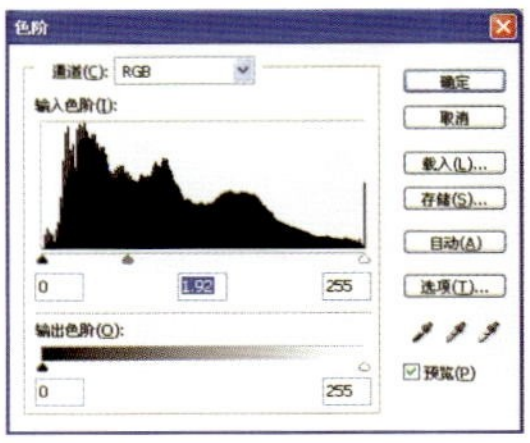

3 降低饱和度

打开色相/饱和度对话框，降低影像的色彩饱和度。

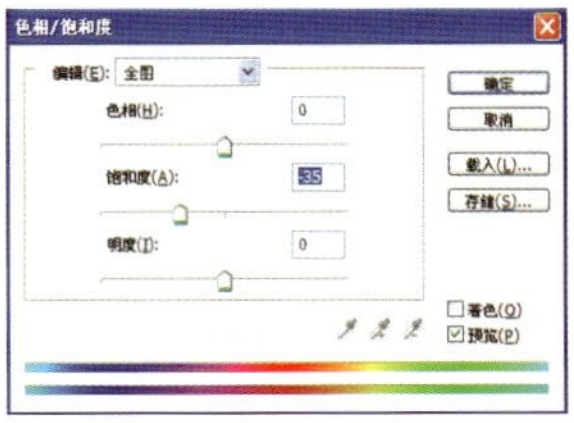

4 变更色相

使用色彩平衡功能，让整体色调带一点点蓝色与青色，使影像看起来略带点冷调。

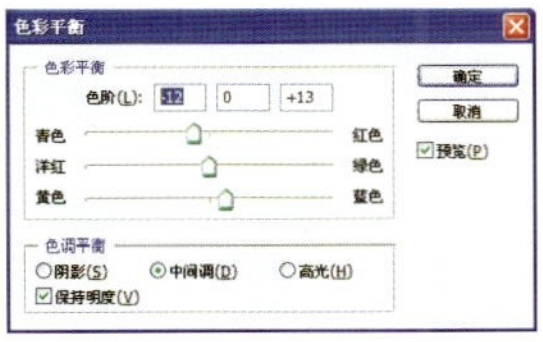

5 细部的明暗调整

使用减淡与加深工具，在模特的头发、脸部与背景部分稍做修饰，接下来就是合并图层。

修改后

整体情境犹如清晨的感觉，画面宁静淡雅，模特正悠闲地吃着早餐。

范例三

1 分析

这张图是在一艘渔船上拍摄的，当时没有阳光，所以在对比上显得微弱。以低饱和度+高明度的方式表现非常适合，要降低蓝绿色的渔网与背景蓝色渔船的饱和度，获得低饱和度的效果。

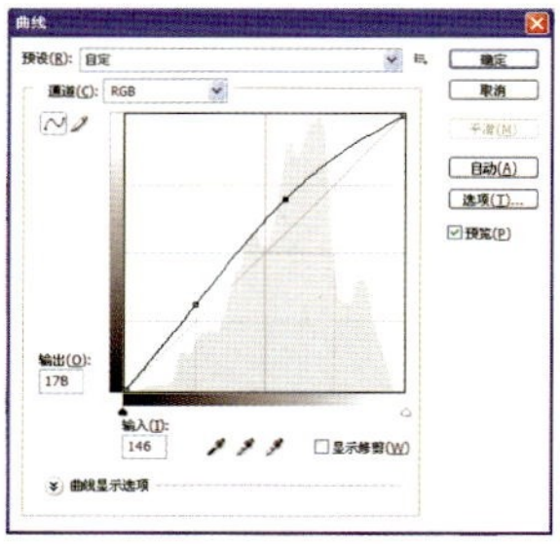

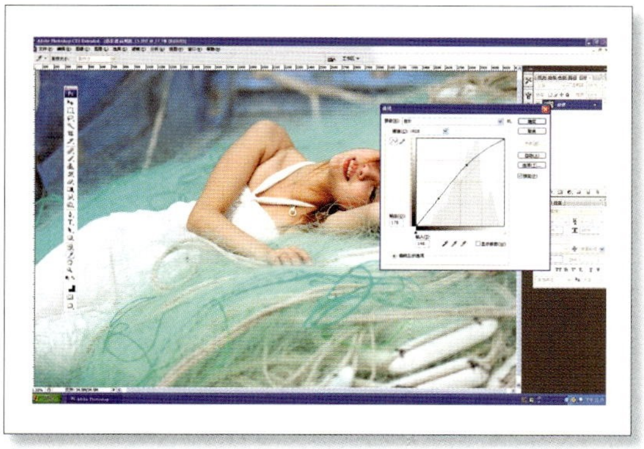

2 提高明度

使用曲线功能提高整体明度。

3 降低饱和度

使用色相/饱和度功能降低影像的色彩饱和度。

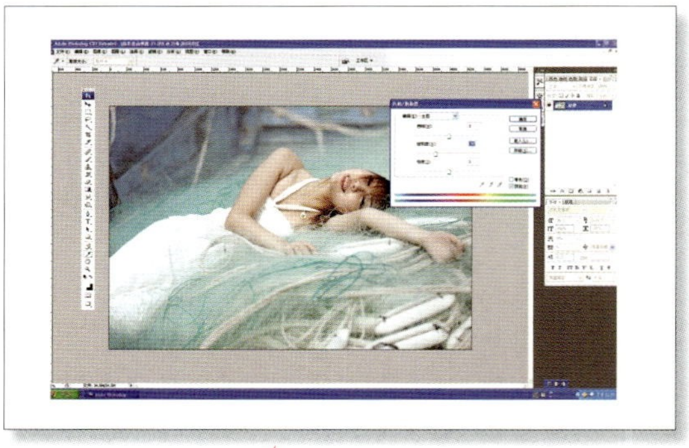

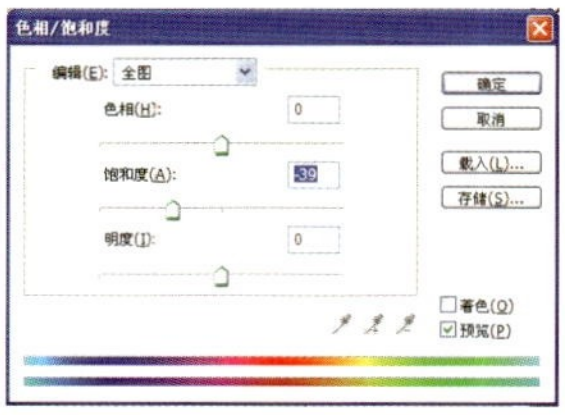

4 变更色相

利用色彩平衡功能让影像带点暖意。

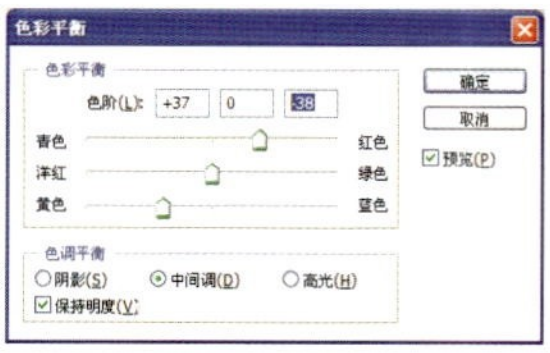

5 细部的明暗修整

使用减淡与加深工具，在模特的头发、脸部与背景部分稍做修饰。

Japanese Style
Luminance & Intensity

修改后

由于降低了饱和度且提高了明度，整体效果显得轻松自然。

Ancient Style

Ancient Style

Chapter 4 退色的老照片

进入数码时代，将影像拿去冲洗成照片的人越来越少了，老照片的样貌在未来或许很难看到了。翻开以前家人的相册，看到的不只是泛黄变色的老照片，还有一股怀旧的感觉。很有趣的是，随着数码科技的发展，数码相机的影像撷取能力将提升至完美，100年后再将影像冲洗或打印出来，还会保持当年的色彩。但胶片和照片因为化学的关系，很难保持当年的色彩与质感。

30年前照片翻拍

40年前照片翻拍

10年前照片翻拍

风格分析

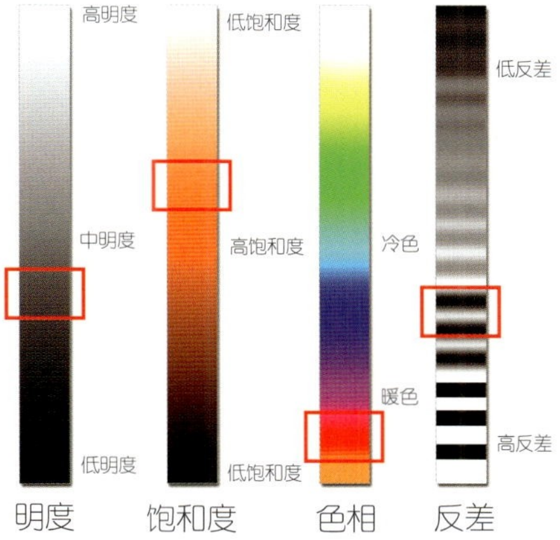

虽然我们拥有最新且细节丰富的数码影像，在风格呈现方面，还是可以用“破坏性的方式”仿真，让影像表现出老照片或用胶片冲洗后的样貌。这里所说的“破坏性”，就是减少细节、色相变异及增加噪点等几种方法，如此可以表现影像的复古风格与氛围。

本章会以复古风格、模拟胶片冲洗的照片及老照片的方式，与各位分享处理方法。

范例一：模拟胶片冲洗的老照片

1 分析

影像拍摄于一个阴天的老巷内，分析一下它是否能处理成胶片冲洗后的老照片。老照片的特点包括：一变色，让影像的局部色相(如暗部)变成蓝紫色调；二整体饱和度会下降；三反差变小，因为用胶片冲洗的照片经过一段时间后，层次感会减弱。

计划：

1. 使用图层模式补上蓝紫色。
2. 使用色相/饱和度功能降低饱和度。
3. 调整对比度和曲线，降低反差。

2 上色

新建一个图层，填满蓝紫色。我使用的蓝紫色色码为#131d80。补上色彩后，将图层的模式设为“变亮”，不透明度设为“60%”。

3 加强反差

调整曲线和对比度，将影像的层次反差拉大一点。

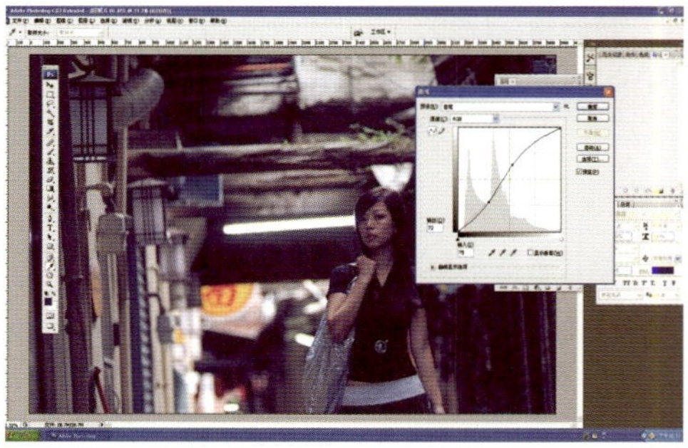

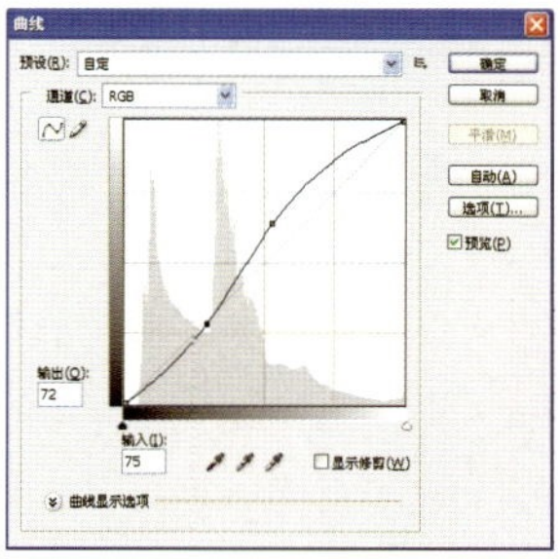

Ancient Style

4 降低饱和度

降低影像的饱和度，让整体色彩偏淡一点。

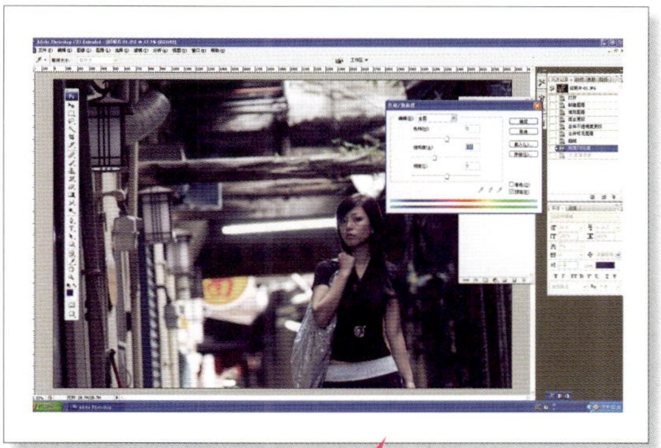

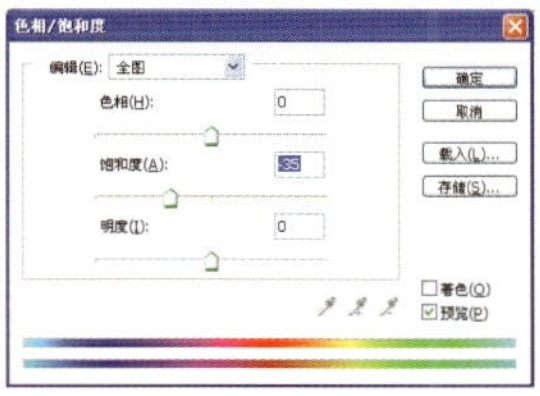

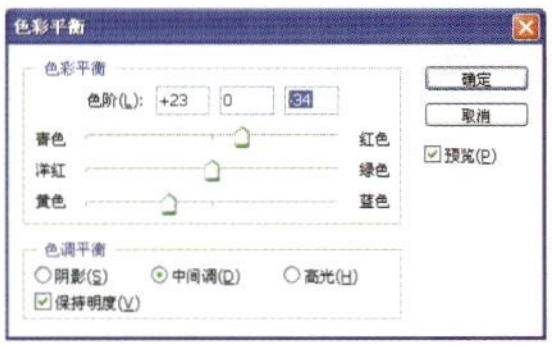

5 退色效果

打开色彩平衡对话框，加入黄色与红色，让影像呈黄红感。

在这个阶段，已经基本完成需要的视觉效果，让整体的氛围略呈退色且变色的样貌，接下来是制造效果。

6 制造颗粒感

复制两个图层，在上方的图层中增加“颗粒”。

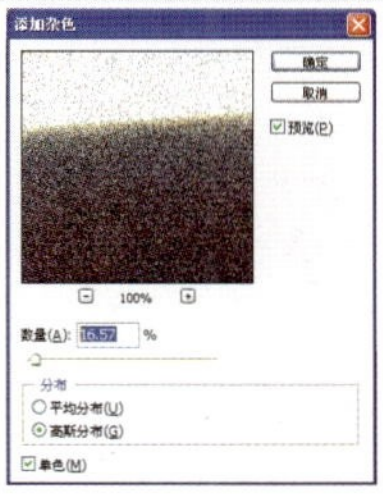

7 制造局部退色效果

在影像的上方和右边暗处，用画笔增加一些红色，并将图层模式设为“变亮”，造成因化学药水和时间流逝的影响，使照片局部变色的效果，完成后合并图层。

8 调整对比度与反差

用曲线功能再次调整影像整体的明度与对比度。

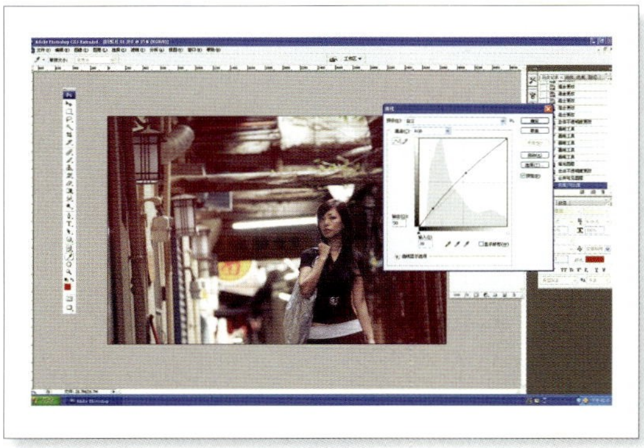

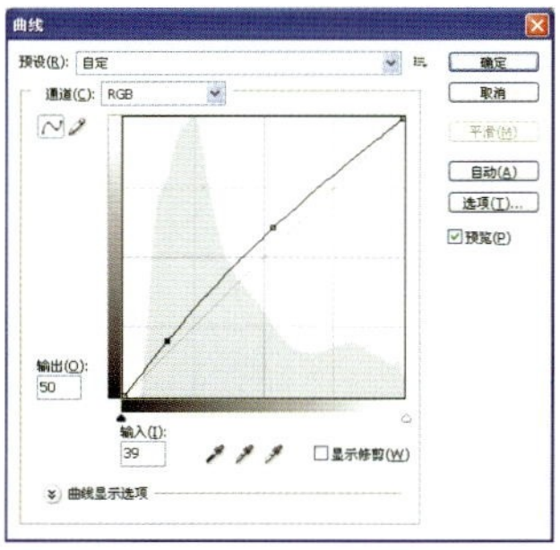

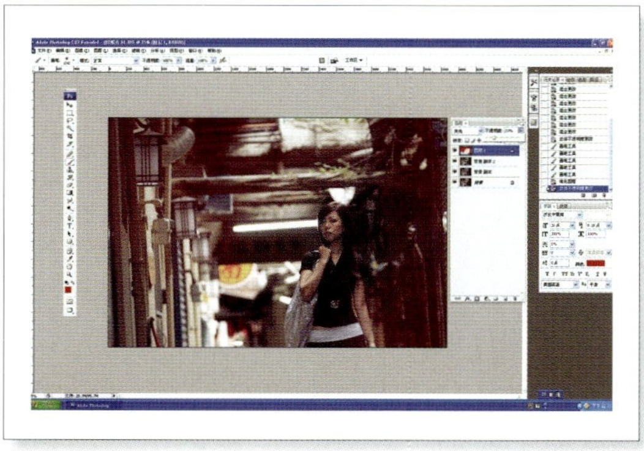

10

使用海绵工具，将局部的饱和度降至低饱和度。

海绵工具可以在擦拭过程中降低饱和度，让影像在局部失去色彩，呈现退色的感觉。

以上步骤很多是靠视觉感觉，依影像的对比度与饱和度差异而有不一样的调整值。不过，基本方式摆脱不了这几个步骤，主要的是在填色与两图层关系下获得的效果。

9 局部调整

使用加深和减淡工具，让暗部与亮部协调统一，也让视觉的焦点和仿真效果更协调。

Ancient Style

修改后

这张照片似乎倒退了10年光阴，呈现的是一种观察后的模拟技法，也是一种风格化的表现。很多拍摄的情境与故事背景，都可以用复古的方式表现。

范例二：数字影像偏色的效果

1 分析

比起范例一的复古风格，这张影像保留了一点数码影像的细腻感。

近年来，在后期修饰风格上，这类效果很受大众欢迎，除了表现自然自在的拍摄技法，也将影像的氛围和感受表现出来。比起原始数码影像的生硬，似乎可以为自己的作品加入一点故事。

影像充满光影，拍摄手法自然生动，计划采用以下修改方式：

1.整体色调以蓝色为主。

2.增加对比度。

3.外围用加深工具集中视觉效果。

4.局部降低饱和度。

2 增加对比度

使用曲线功能提升光影的对比度。

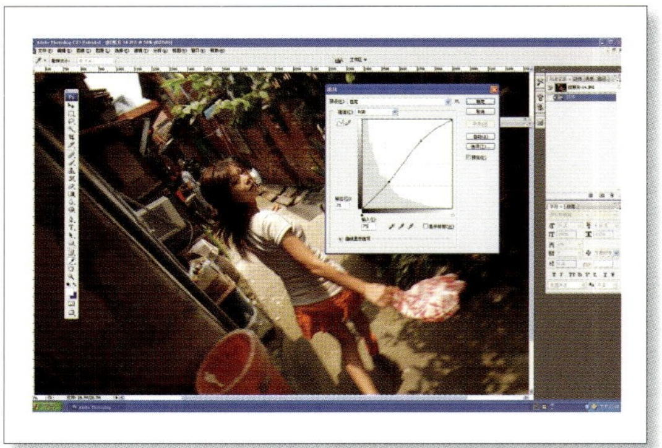

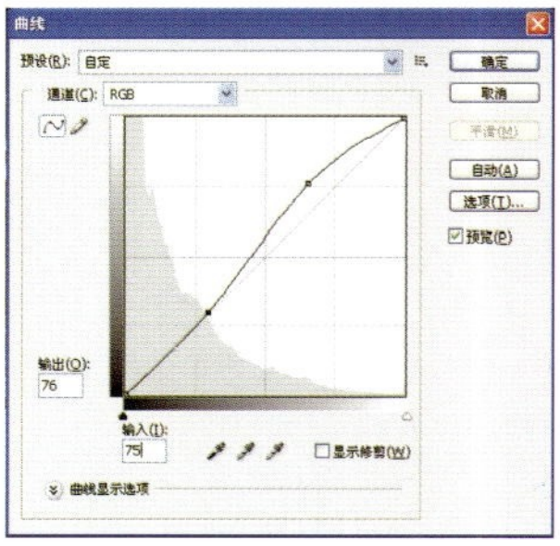

3 改变色相

新建一个图层，填满蓝紫色，我使用的蓝紫色色码为＃131d80。补上色彩后，将图层的模式设为“变亮”，不透明度为“60%”，然后合并图层。

Ancient Style

4 降低整体色彩饱和度

打开色相/饱和度对话框，降低影像整体的色彩饱和度后，氛围不再那么刺眼了。

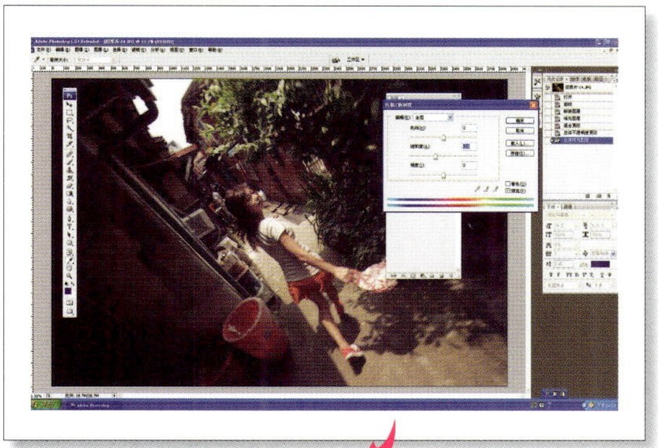

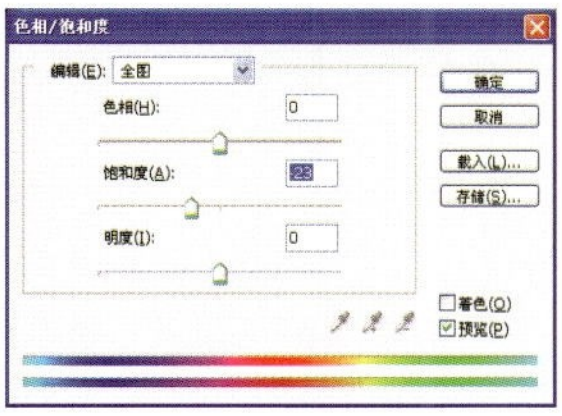

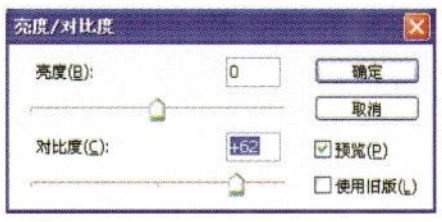

5 强化对比度

调整亮度与对比度，强化对比效果。

影像已接近我想要的效果，但整体还需要调整。

6 局部降低饱和度

画面的中间区域是阳光照射的地方，人物的脸部会有点红，用海绵工具将中间区域的饱和度降低一些。

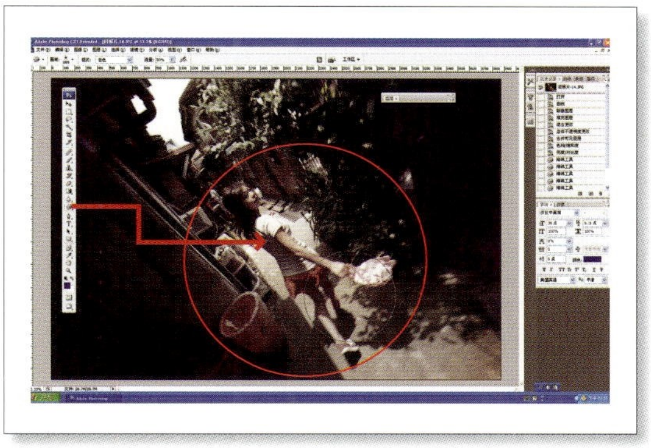

7 制造一点光晕

新建一个图层，用画笔工具喷两个白区块，不透明度设为“33%”，而图层模式设为“叠加”，这样可以模拟出一点逆光的效果。

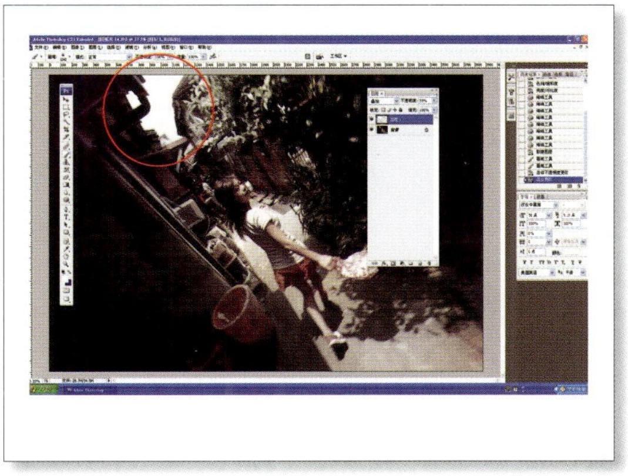

8 细部的提亮与加深

使用加深与减淡工具在影像的局部做调整，如提亮受光区域，并且让外围的明度再降低一点。

9 微调色相

判断还是来自于自己的感受，我在最后观察时，觉得可以再加一点点红，让所谓的化学变化再严重一点，效果正如预期。

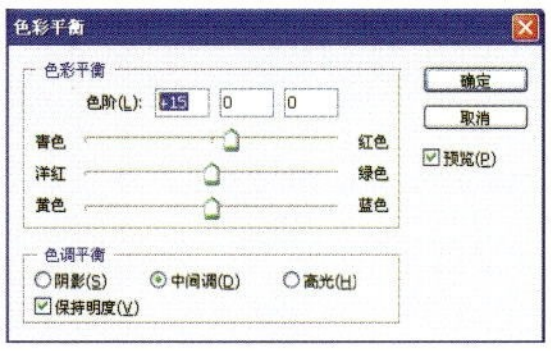

10 微调整体明度

使用曲线功能提高一点整体明度，可以看到亮部的受光区域已经接近没有层次了，当然这也是为了达到预期效果。

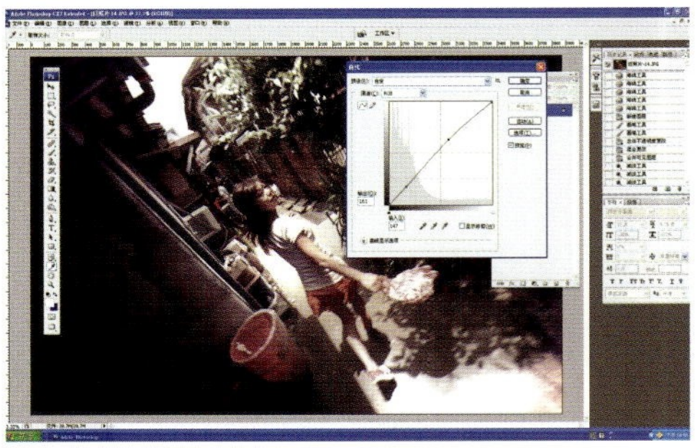

还是一样的结论，所有的设定值都因人而异，这里分享的是修饰的过程及我的判断，您可以试试不一样的设定值，让影像产生不一样的效果。

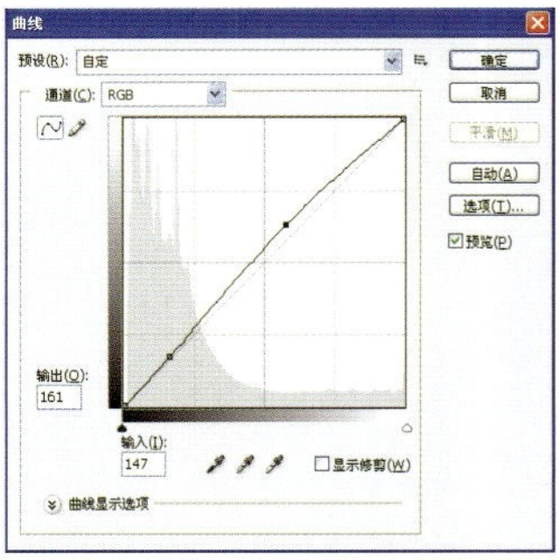

Ancient Style

修改后

这样的影像让人有点梦境且不真实的视觉感受。这是风格表现的一种，比起范例一，是不是更细腻一点呢?

范例三：局部变色效果

1 分析

将这张照片变得复古，并且使其局部变色，部分技巧与前两例相同，不过制造变色的效果却很有趣。

2 外围加深

使用加深工具将外围阴影部分加深，不要产生太多细节。

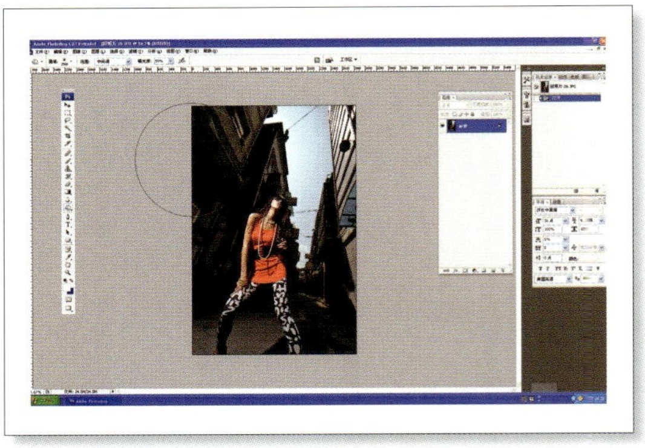

3 改变色相

新建一个图层，填满蓝紫色，我使用的蓝紫色色码为＃131d80。补上色彩后，将图层的模式设为“变亮”，不透明度设为“60%”，然后合并图层。

Ancient Style

4 局部降饱和度

使用海绵工具，降低人物肌肤部分的饱和度。

5 制造变色效果

新建一个图层，使用渐变工具，选择“前景到透明”，再从左边拉出渐变。

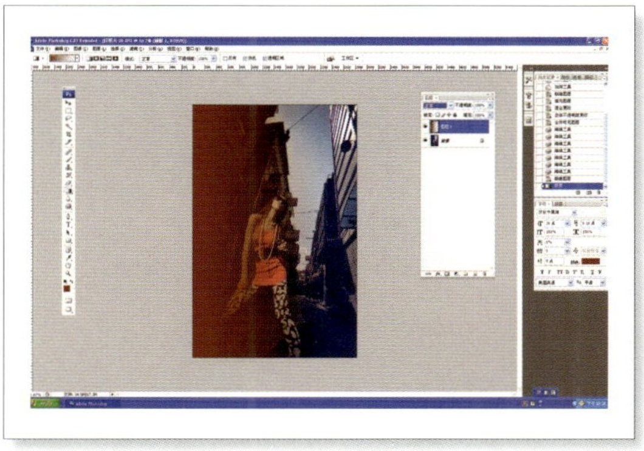

6 变更图层模式

将图层模式设为“变亮”，可以看到上下图层的交互关系，然后合并图层。

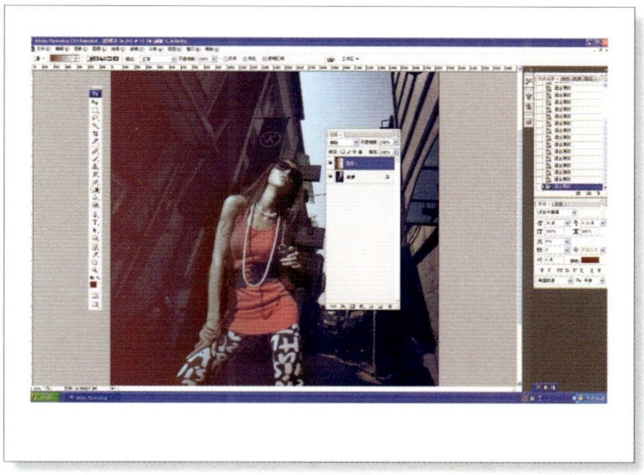

7 微调明度

使用曲线功能稍微提高整体的明度。

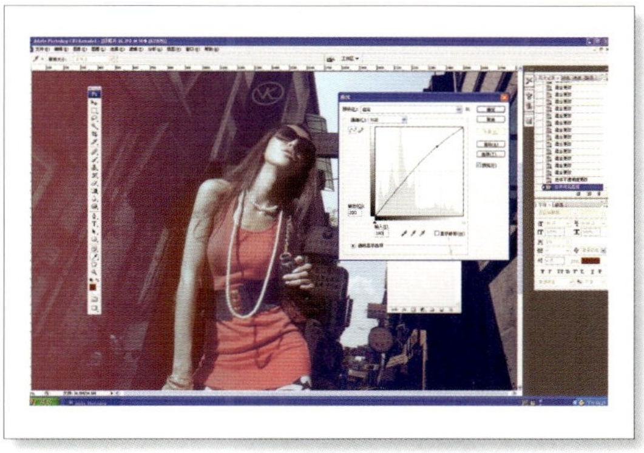

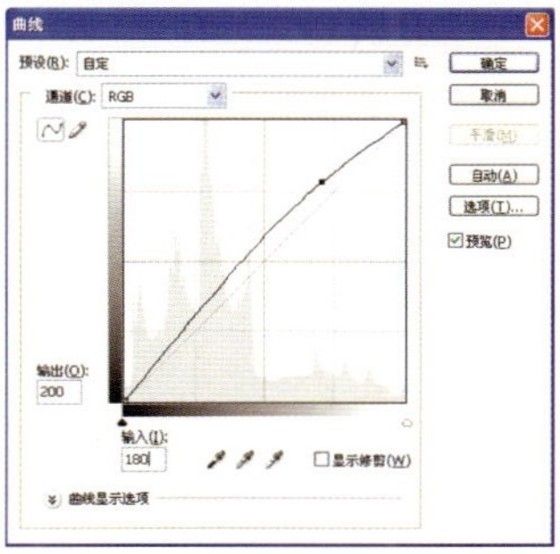

8 外围局部加深

使用加深工具涂抹外围较暗的区域，以忽略细节。

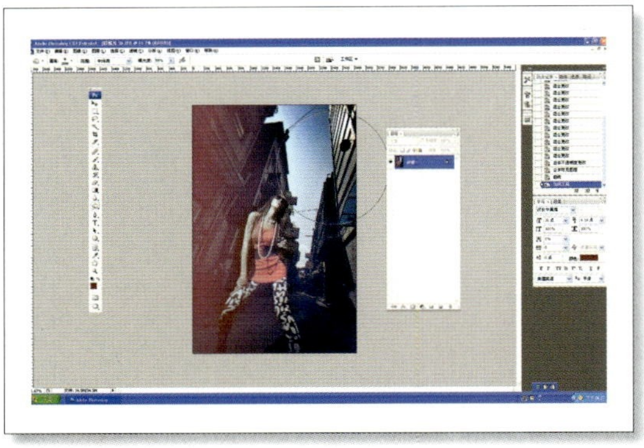

9 加亮受光区域

使用加深与减淡工具，提高人物受光部分，营造出光晕扩散的感觉。

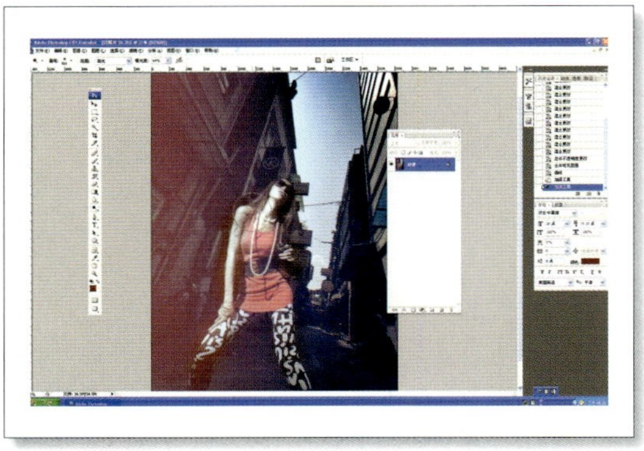

修改后

很像是照片放久了，因为表面的化学液体没有清洗干净，导致多年后变色的情况。

Ancient Style

技巧举一反三

以下影像呈现出来的效果，是不是有点像拍立得拍摄的照片呢？若是我们用同样的技巧，再用拍立得的边框来合成，也是一种获得拍立得风格照片的方法！

Low Key Tone

Low Key Tone

Chapter 5 颓废的低调

低饱和度＋低明度

低调、感性且颓废的影像，很适合以低明度与低饱和度的方式呈现。另外，拍摄时应该采用点测光，并且刻意减少曝光值，所以使用相机M模式。以下几张图有些我在拍摄时有意减少曝光值；有些虽然采用正确的曝光值，但在后期修饰时，重新调整为低调的风格。

后期修饰使用的技巧也很简单，用曲线功能降低整体明度，再使用色相/饱和度功能降低饱和度即可。当然在氛围的营造上，还可以使用其他简单工具。

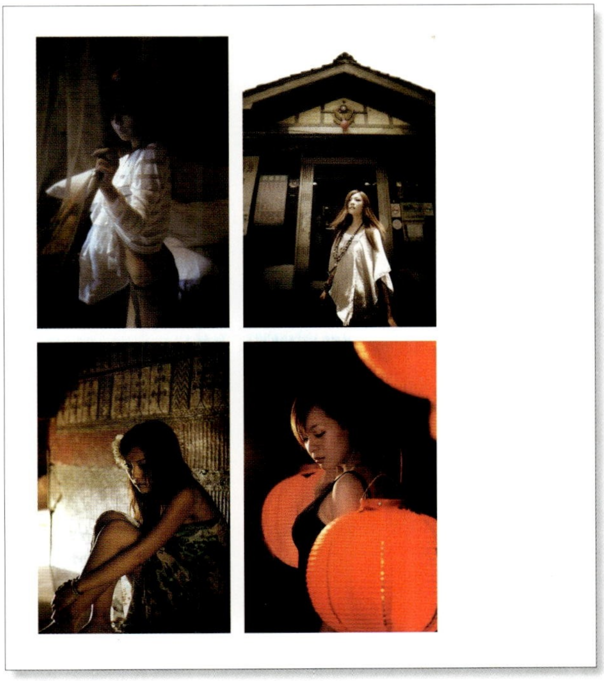

风格分析

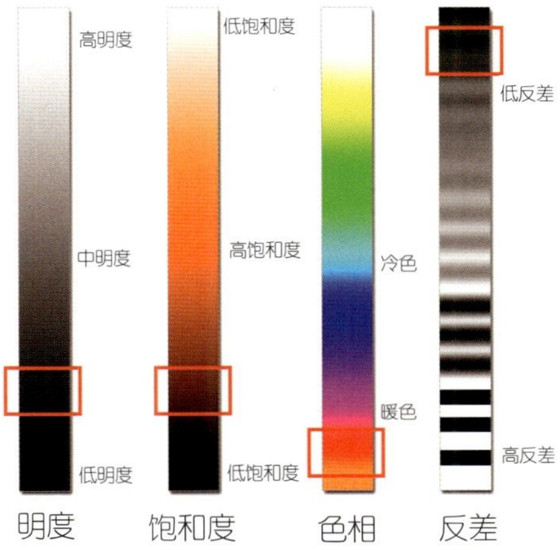

低调风格大多采用低明度，明度的高低也决定了整张影像的气氛；饱和度部分因为明度的降低也降下来了。色相则不一定，在低明度与低饱和度的状况下，可使用冷调或暖调来造成偏色，而偏色是营造气氛的关键。建议尽量设为低反差，当然也可以利用某些特殊光线来营造一种特殊气氛，强化整幅作品的风格。

营造气氛是本章的重点，气氛营造好了，调子低了，感觉才会到位。

范例一：弱光源下的低调

1 分析

原图是在光线微弱的溪流处拍摄的，使用闪光灯以1/64输出补光。在没有较大的反差与强大的光源下，整体显得冷调安静，用这张影像来表现低调风格非常适合。

2 外围加深

用加深工具将外围阴影部分加深，让光集中在人物身上。

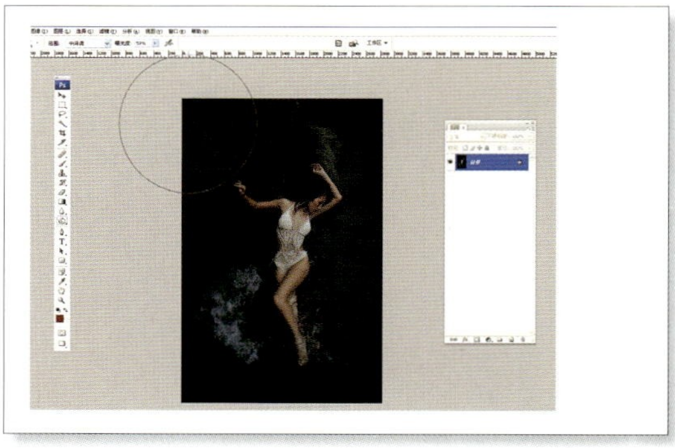

3 提升整体明度

使用曲线功能提升影像的整体明度，保持步骤2中，加深外围后的效果。

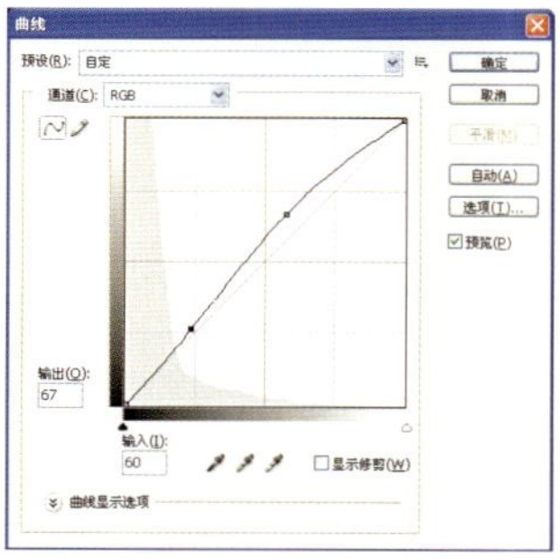

Low Key Tone

4 降低饱和度

打开色相/饱和度对话框，降低饱和度。

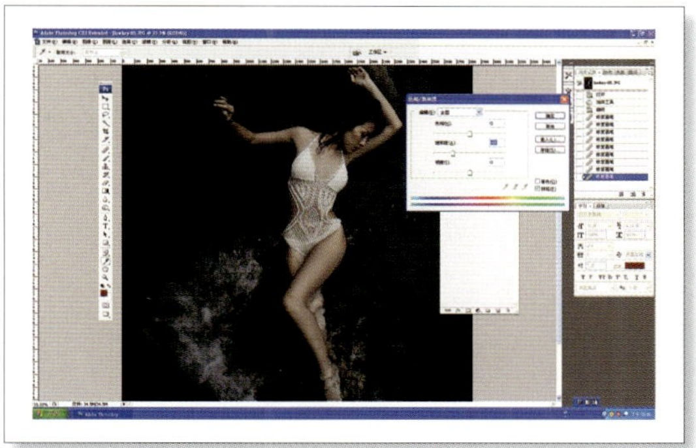

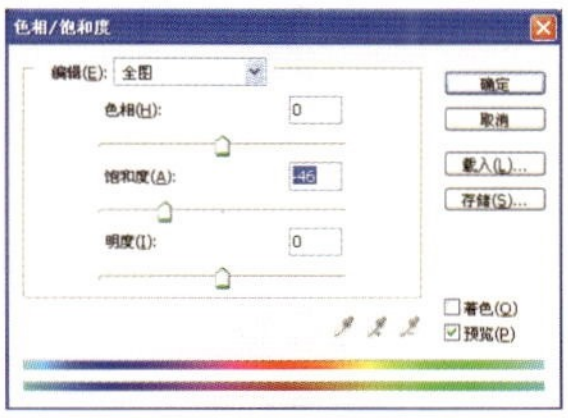

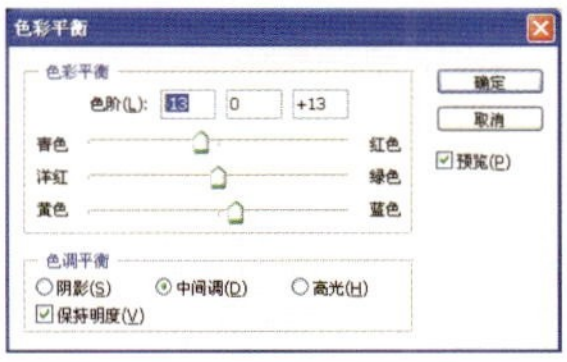

修改后

冷调的呈现，配合低明度与饱和度的氛围，让影像更显幽静。

5 改变色相

让影像偏一点点冷调，所以在色彩平衡对话框中增加了青色与蓝色，再使用减淡与加深工具，在皮肤与水花之间加强明度。

范例二：强光源下的低调

1 分析

这张影像使用的是混合光源(户外的自然光与室内的持续钨丝灯光)，相机白平衡的设定为钨丝灯，它矫正钨丝灯特有的黄，但户外光源会产生偏蓝的现象。这幅影像改为低调时也加强了反差，试试看会有什么令人惊喜的影像呈现?

2 外围加深

使用加深工具在右边、右上、左下和下方，制造强一点的户外光源。

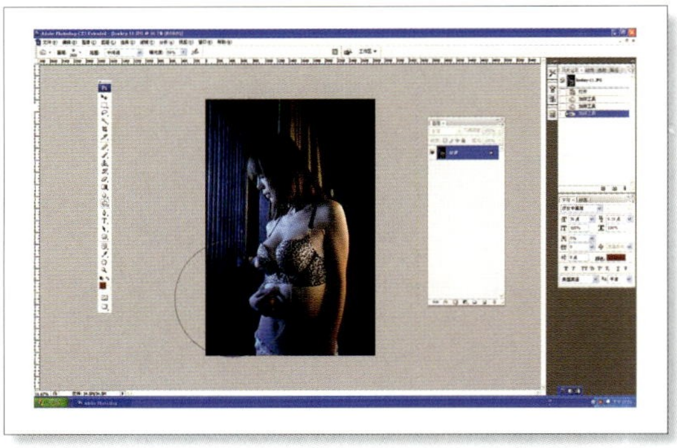

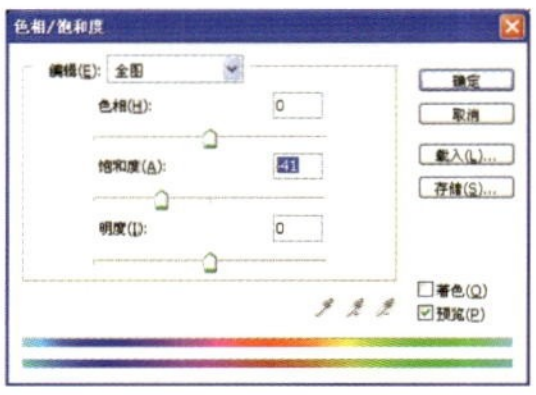

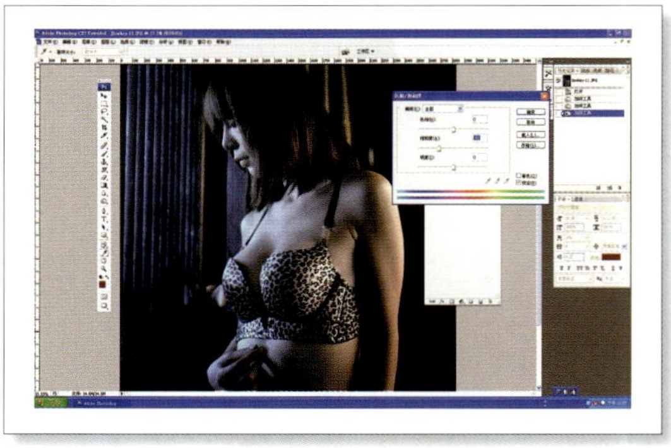

3 降低饱和度

打开色相/饱和度对话框，降低整体的饱和度。

4 变更色相

利用色彩平衡功能将影像由冷调变暖。

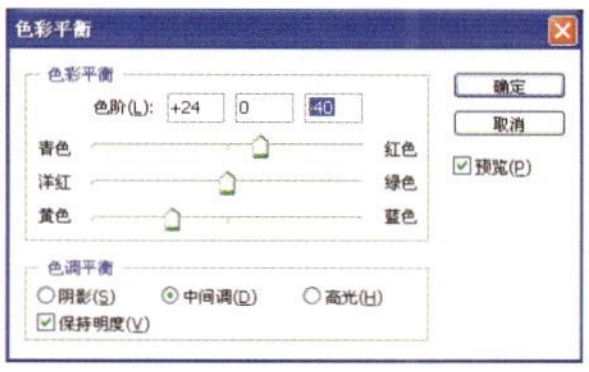

修改后

色调变了，变得更沉稳与低调。

5 加强反差与降低明度

经过颜色的调整后，使用曲线功能将整体的反差加强一点，再用加深与减淡工具在局部做调整。

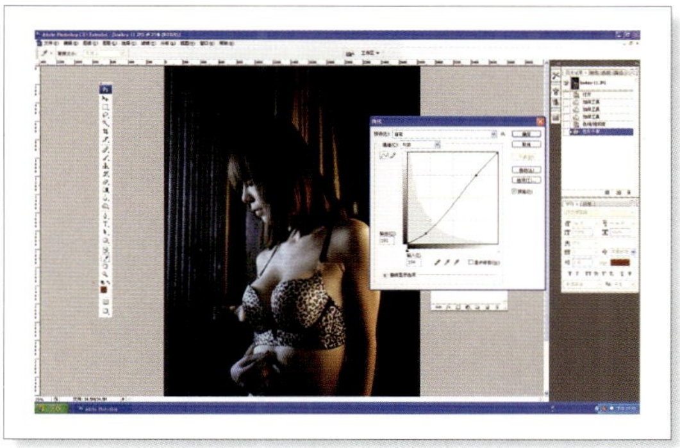

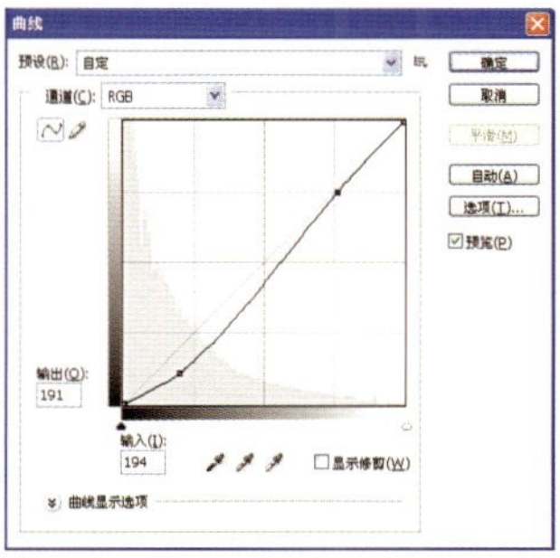

4 10套风格解析

范例三：户外降低饱和度的低调

1 分析

在户外拍摄这张影像时，还好没有很强的阳光，用相机M模式拍摄，避免盲拍时不稳定的曝光。将饱和度降下后，连天空的蓝与夕阳的颜色都会受到影响，这种情况，您可以考虑是不是要保留天空与夕阳的色彩。

2 外围加深

使用加深工具，调整天空与地面部分，降低明度。

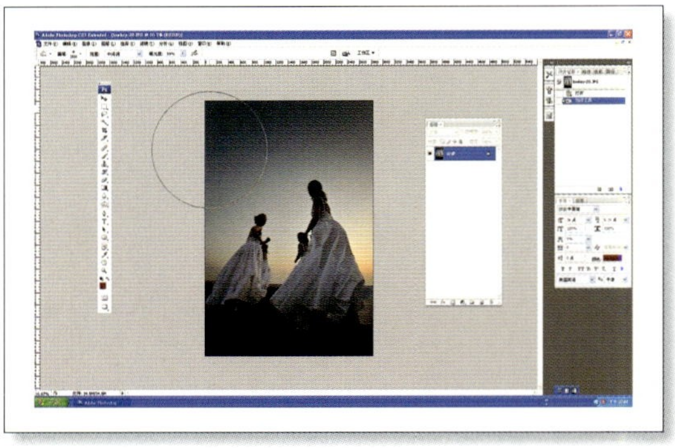

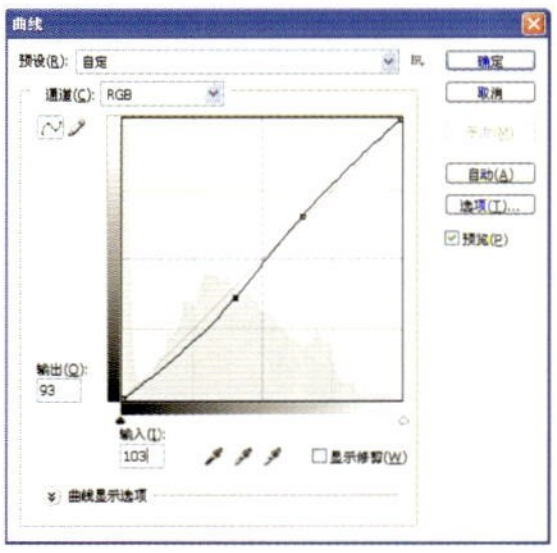

3 增加反差

利用曲线功能，微调一下反差与整体的亮度。

Low Key Tone

4 外围加深

将整体色调改为红黄，让调子暖一点，感觉会更像是黄昏时分。

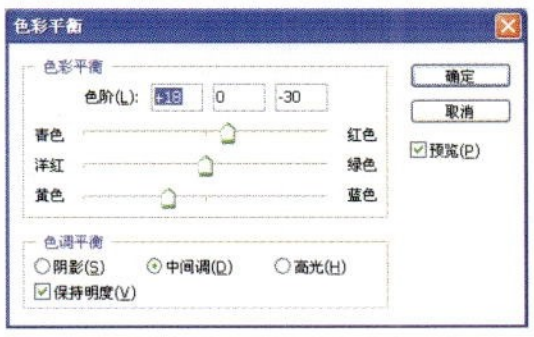

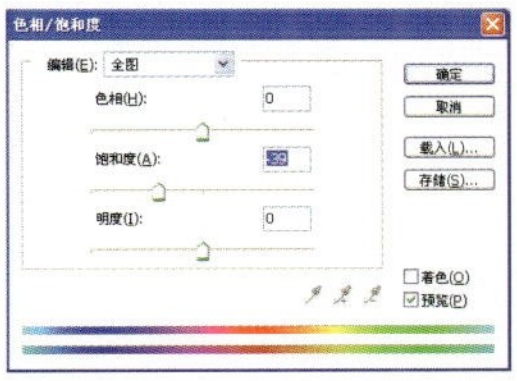

5 降低饱和度

使用色相/饱和度功能，降低影像整体的饱和度。

修改后

经过修改与调整，影像似乎蒙上了一层微弱的光线。

High Key

Chapter 6 多彩饱和的喜悦

高饱和度＋高明度

靓丽活泼的色彩是这一章要表现的主题，除了人物表现出喜悦与动感的特点，色彩与明度也需要搭配，风格会因此而产生。

影像的基本条件并非要限定在阳光多彩的环境中，利用调整饱和度与明度的技巧，依然可以表现出来。

风格分析

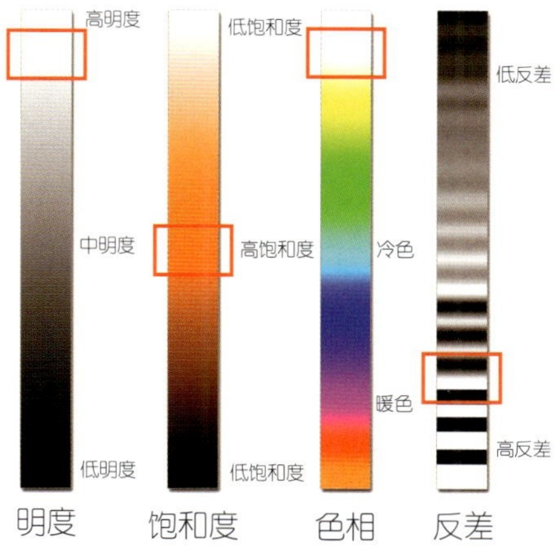

高调的影像大多建立在高明度的情况下，饱和度也大多是纯色或高饱和度，色相不会太偏，因为阳光而有较高的反差出现。

利用以上原理，可让影像呈现更加丰富的色彩或让平淡的影像产生令人惊奇的表现。

范例一：阳光与阴影

1 分析

阳光、沙滩和蓝天，这些元素很适合以高调的方式表现。要注意的是，阳光并未直接照射，影像大多在阴影之下，所以提高饱和度与明度的同时，要注意背景与主体之间的差距。

2 外围加深

使用加深工具降低天空的明度，之后提高明度才不会过曝。

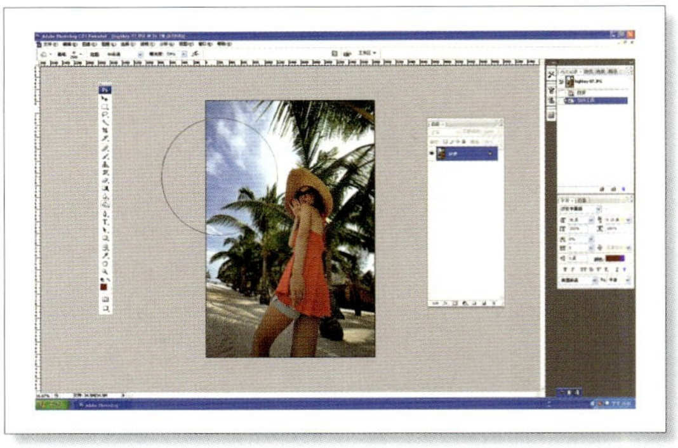

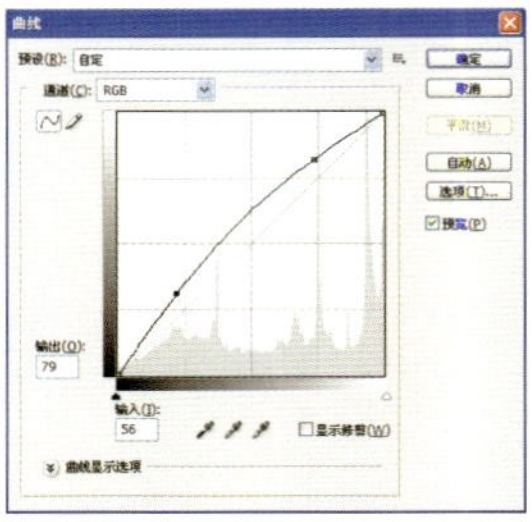

3 提高明度

用曲线功能将整体的明度调亮，注意天空的明度与饱和度是否保留下来。

High Key

4 提高饱和度

使用色相/饱和度功能提升整体饱和度。

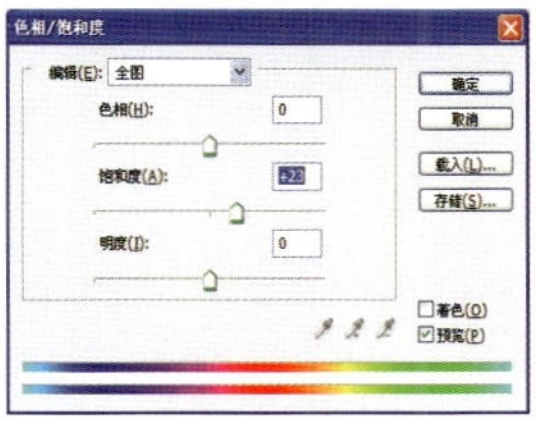

修改后

经过调整，丰富了影像的色彩，提高了亮度，整体显得更加耀眼。

5 局部降低饱和度

使用海绵工具擦拭肤色部分，避免提高饱和度后脸部过红。

6 局部加亮

使用减淡工具，将帽子下面、人物脸部和皮肤等部分提亮一点。

范例二：阳光与饱和度

1 分析

雨后的一个下午，阳光投射在有水珠的树上，色彩非常棒。提升原图中树的饱和度与明度，使影像更有阳光的感觉。

2 局部增艳

使用替换颜色功能，点选一处绿色后扩大范围，提高饱和度。人物不含太多的绿色，因此不会受影响，只要皮肤部分不会反白即可。

3 提高明度

利用曲线功能，微调一下整体的反差与亮度。

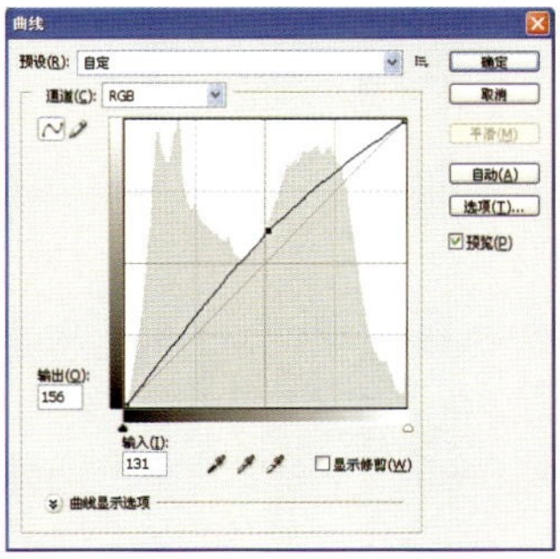

4 增强饱和度

使用色相/饱和度功能，提升整幅作品的饱和度，完美呈现人物服饰的色彩。

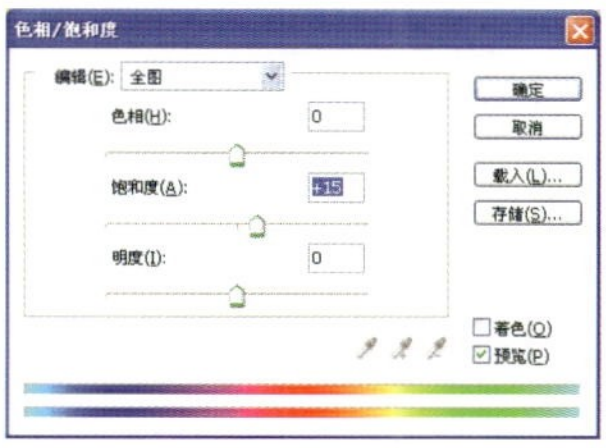

修改后

经过修改与调整，影像呈现阳光洒在绿树上的耀眼效果。

5 局部降低明度

使用加深工具降低部分绿叶的明度，这样看起来层次较丰富。

范例三：弱光与饱和度

1 分析

拍摄这张照片时，是阳光并未出现的清晨。少了阳光，就少了亮眼的对比度与饱和度，不过提高饱和度与明度，必定会有不一样的效果。

2 提高明度

使用曲线功能提升整体明度，感受阳光的亮度。

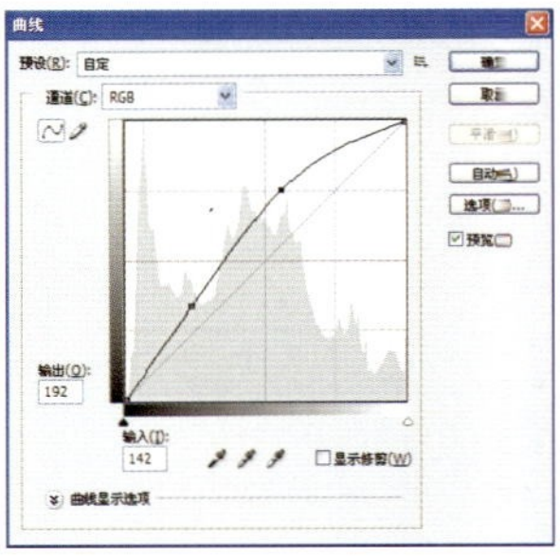

3 局部加深

使用加深工具让背景部分更暗一点，感觉向后移动了一些。

4 局部加亮

使用加亮工具提升人物头发受光处的局部亮度。

修改后

经过饱和度与明度的修改与调整，影像表现出阳光充足的感觉。

5 美肤

按第三章第一节中提到的美肤步骤调整影像，以获得更加平滑的效果。

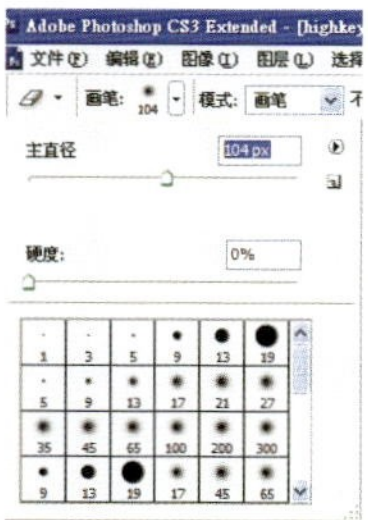

Momentum

Momentum

Chapter 7 张力的感受

高反差+高饱和度

张力，很难用几句话来形容，不如我用视觉的冲击力及速度等元素诠释。张力可以用肢体来表现，也可以用具有透视感的速度或云气来彰显。在本节中，我用肢体以外的后期修饰方式来表现，一是用缩放工具，二是利用云气的明暗达到缩放效果。

风格分析

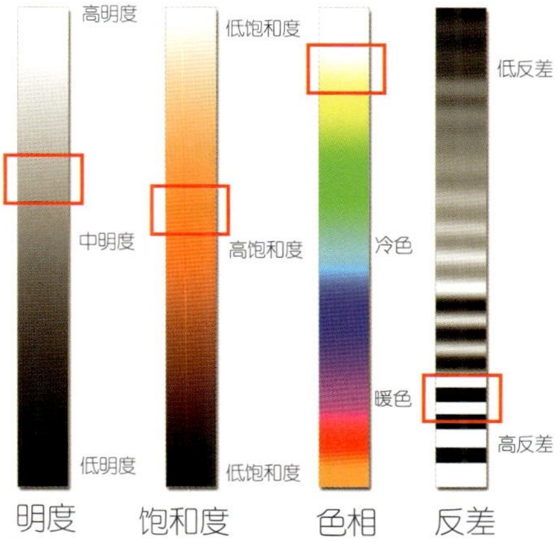

本章的风格分析不像其他章节那么严谨，不过基础会建立在通过较高反差表现光影的情况下。其他元素都有可能包含进来，也就是说任何条件都可以应用这项技法。

范例一：利用筒状缩放营造速度感

1 分析

这张影像拍摄于资生堂岛的一个村落，拍摄时我跟着模特保持同样的速度向前走，期望可以用慢速快门营造出速度感。可惜，即使用小一点的光圈也得不到慢一点的快门。经过后期修饰，便可将缩放的速度感表现出来。

2 降低外围明度

使用加深工具降低外围的明度，如此调整筒状的效果会比较明显，光线也会集中在人物身上。

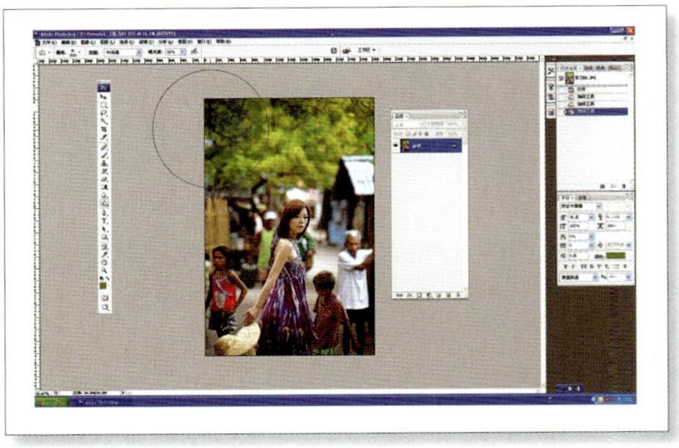

3 制作缩放

复制一个新图层，进入模糊>径向模糊界面。

Momentum

4 动态模糊

打开径向模糊对话框，在“模糊方法”项目中选择“缩放”，“数量”依影像的大小来决定。影像较小的话，设定值如果太大可能会完全模糊了，可以多尝试比较再确定。

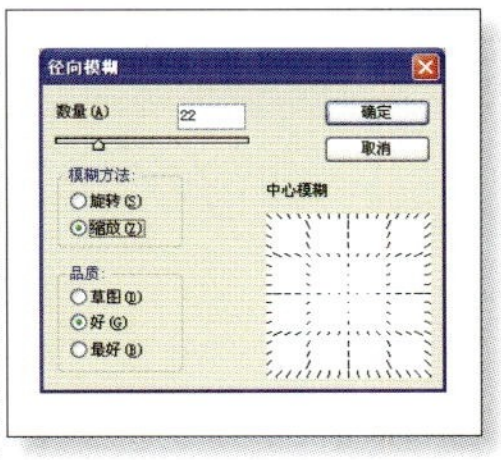

5 擦除

用橡皮擦工具将中间部分擦除，可以留下四角与边缘，保留缩放的痕迹，但不要留太多，否则会显得不真实。

修改后

在外围区域呈现筒状缩放效果，可以感受到拍摄时前进的速度而产生的气势与张力。

范例二：利用云气缩放营造速度感

1 分析

在范例一中，我们利用新图层创造缩放效果，这次我们直接在原图层上，用加深工具来制造效果。

2 用明暗来表现缩放

用大画笔降低外围的明度，再用小画笔由外而内，以人物为中心沿着云气刷深，表现出向内聚集的光影线条。

3 提高对比度

使用曲线功能提高对比度，包括天空、太阳、人物与全身的对比度。

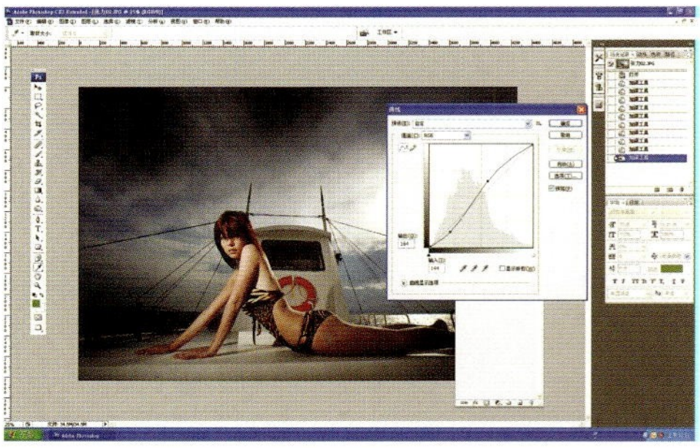

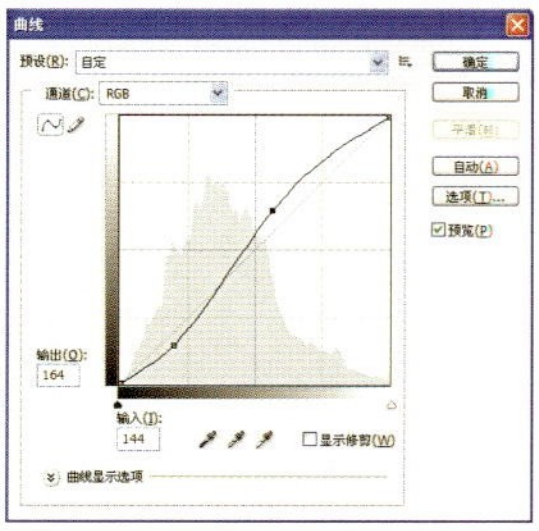

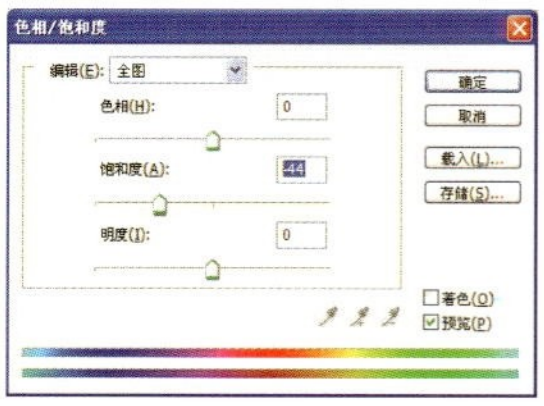

4 降低饱和度

使用色相/饱和度功能降低整体的饱和度，可以感觉到画质的整体提升。再用加深与减淡工具对画面进行最后调整，包括人物身体的亮度、太阳的亮度还有云的层次感。

Momentum

修改后

云气就是一种张力的表现，由外向中心集中，人物的肢体动作也能表现出影像的气势。

LOMO Style

LOMO Style

Chapter 8 LOMO风格

高饱和度＋低明度＋偏色

在本节中，LOMO风格是一种刻意的模拟，可能发生的情况包括偏色、漏光和影像重叠等现象。LOMO风格有一种特殊的影像味道，这也是被LOMO迷津津乐道且爱不释手的原因。

我们用数码单反相机拍摄的影像，通过后期处理的手法将它改变为LOMO的拍摄感觉。虽然无法100%的相似，但相信以下技巧可以模拟出类似LOMO的影像呈现。

风格分析

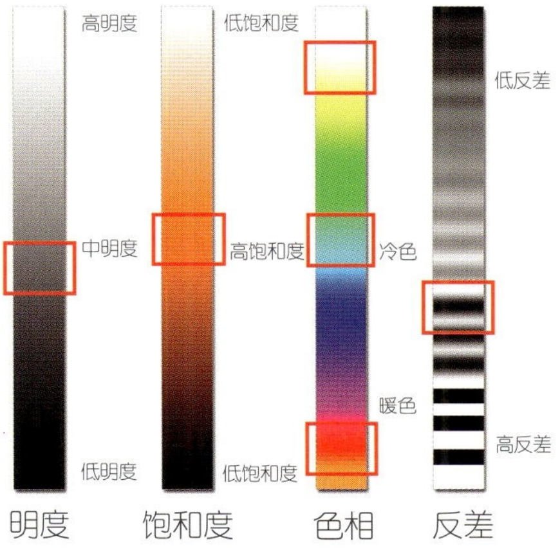

LOMO风格的影像在明度上差距很大，有的明度很高，有的却是以低明度且曝光不足的方式来呈现的。饱和度也不一定，有的因为曝光过度呈低饱和度状态，有的却呈现极高的饱和度。色相有可能处于偏红或偏绿等不稳定的状态。反差也是如此，有高反差也有低反差，所以掌握几个关键元素并组合，可以获得理想的画面。

范例一：晃动与偏色

1 分析

这张影像是在光影交错且晃动的情况下拍摄的，基本上符合LOMO风格的条件，只需调整色相、饱和度和明度反差即可。

1. 让影像的色相偏绿，部分漏光偏红。
2. 加大反差，为阴影部分上色。
3. 加大饱和度，呈现色彩浓郁的感觉。

3 增加对比度

合并图层后使用曲线功能，将影像的对比度稍做调整，即可看到暗部的区域呈绿色调且泛光的效果。

2 填色

新建图层，填上绿色，并将图层模式设为“变亮”，不透明度设为“41%”。

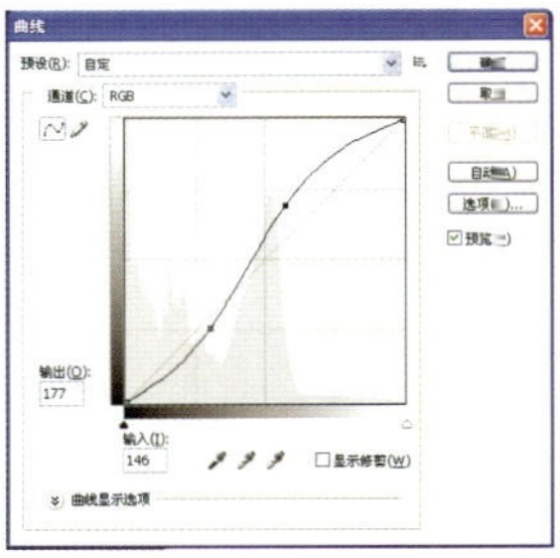

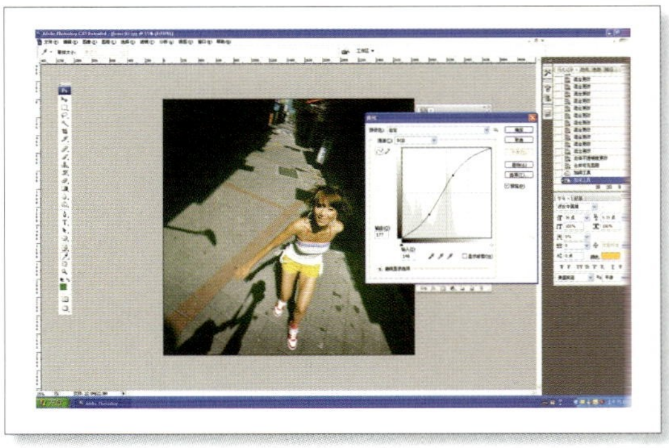

4 局部加深

使用加深工具加深部分角落。

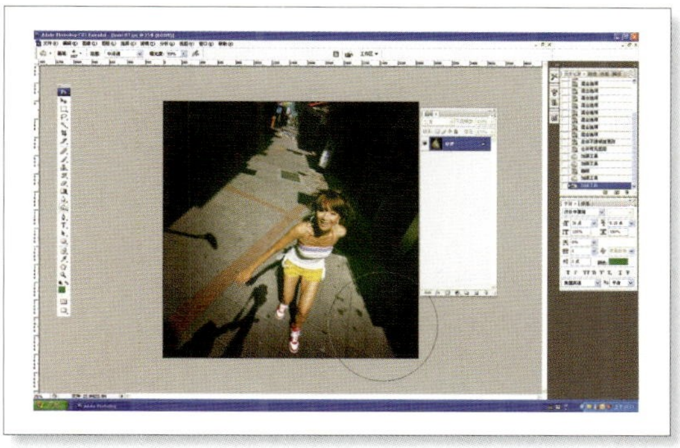

5 漏光效果

新建一个图层，利用选框工具制作两组色块，并将其模糊化。图层模式设为“强光”，不透明度设为“62%”，实现漏光的效果。

修改后

利用简单的步骤，将数码影像仿真成LOMO风格。

范例二：影像重叠与偏色

1 分析

这张影像拥有亮处与暗处交错的特点，在光影的合成与呈现方面，后期处理可以有精彩的表现。

1. 以红色为基调，使影像有胶片过期或冲洗时的退色感。
2. 使用影像重叠，模仿LOMO相机胶片曝光重叠的感觉。
3. 表现失光和漏光的效果。

2 整体色相

新建图层，以39%的红色对整体进行覆盖，并将图层模式设为“变亮”。可以看到，暗部已出现变化了。

3 局部失光表现

使用加深工具，在外围和暗处进行加深。暗部加深后，大部分细节都会消失。

4 制作漏光效果

在角落使用渐变工具拉出一段黄色，看起来如同因漏光而曝光过度的感觉。图层模式设为“滤色”，并将不透明度设为“44%”。

5 增加泛光效果

在影像漏光区域加上一层蓝色，填满后再用橡皮擦工具将上半部分擦除。图层模式设为“变亮”，并将不透明度设为“32%”。

6 整体明度调整

使用曲线功能将整体影像稍微提亮一点，并微调反差效果。

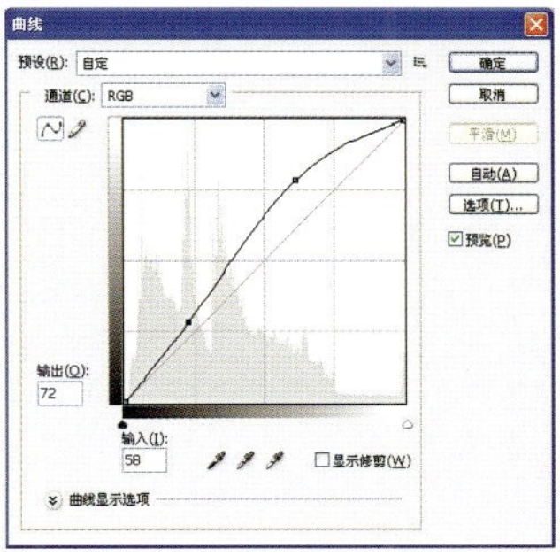

到目前为止，完成了单一影像LOMO风格的仿真效果，偏色部分可因人而异，营造偏绿或偏红的情况皆可。

7 合成影像

挑选另一张影像作为叠图。我找了一张同时间拍摄的，有建筑物，也有人物的照片。

8 重叠变更

将另外一张影像全选并贴上。首先，将影像的色彩都去除，图层模式设为“明度”。所以呈现在上图层中的颜色都是来自于下图层。然后用橡皮擦工具将中间和上方的影像都擦除，留下建筑物与部分人物的影像，再合并图层。

9 加深局部明度

将加深工具的画笔加大，让局部的阴影和影像呈曝光不足的状态，同时降低外围的明度即可。

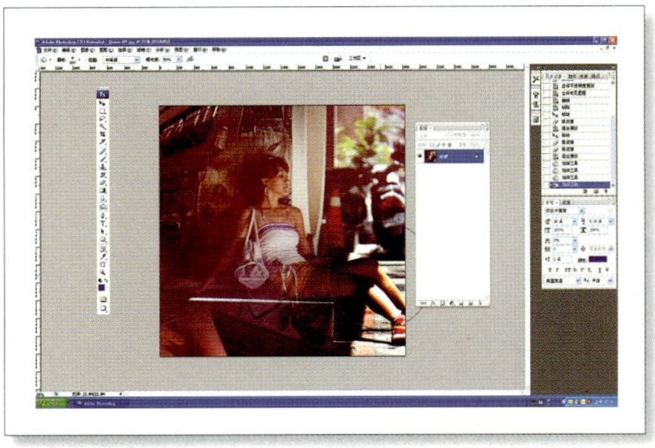

发展可能性

色相是LOMO风格里变化最大的部分，不同的胶片、相纸及冲印方式都会造成不同的效果，重要的是曝光值影响整体的色相呈现。以下是我将完成的作品模拟其他色相的效果。

其实，像不像并不是本章的重点，重要的是在模拟的过程中找到一种影像风格，而这风格是具有个人特征且可被辨识的，从这当中可以延伸出多少种变化，那就看您的创意了。

LOMO Style

修改后

Air & Light

Air & Light

Chapter 9 弥漫的朦胧感

低饱和度＋高明度＋泛白

弥漫的朦胧感，是指被拍摄人物与相机之间有一层雾，也可能因为光线的关系造成细节不透亮的状况。这种技法我常用于没有阳光或阴天的状况下，营造出一种薄雾的感觉。淡淡的，却很有韵味。

风格分析

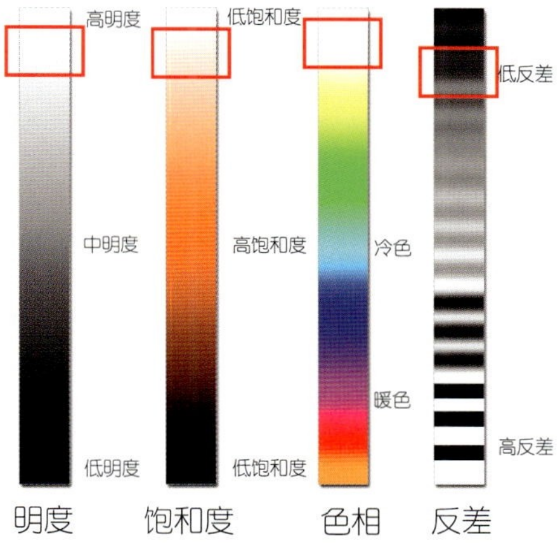

低饱和度与高明度是这类影像的风格，加上低反差所呈现的氛围特征。基本上，提高影像明度、降低饱和度，再以改变色相的方式即可获得。

重点是如何营造出雾状的感觉，必须在影像上加一层白或其他色彩营造出雾状的现象。

范例一：低反差逆光

1 分析

从窗户射入的逆光，使影像呈现高调的效果，这张的影像最适合表现迷蒙的朦胧感。基本方法为提高明度，再降低饱和度作为基调。

修改后

期望中的淡雅风格就是这么简单，素雅的画面很有诗意。

Air & Light

2 提高明度

使用曲线功能提高整体明度，平衡所有的光影变化。

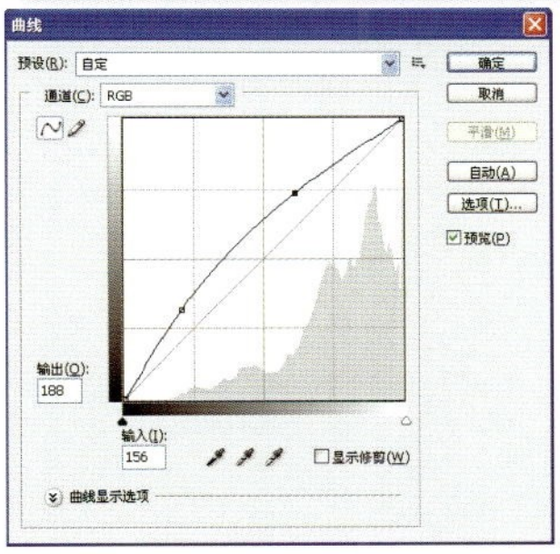

3 降低饱和度

使用色相/饱和度功能降低整体饱和度，因为明度的提高和饱和度的降低而产生的素雅感油然而生。

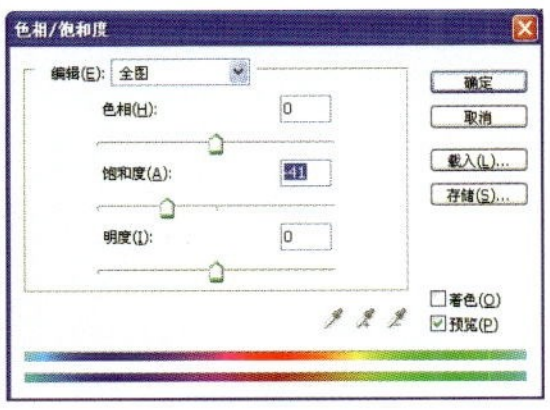

4 增加雾气视觉

新建图层，填满白色，不透明度设为"10%"。

5 变更色相

利用色彩平衡功能，加入由青色与黄色组合成的绿色，感觉似乎有一层薄雾弥漫在人物前面，淡淡地平衡色彩与光影。

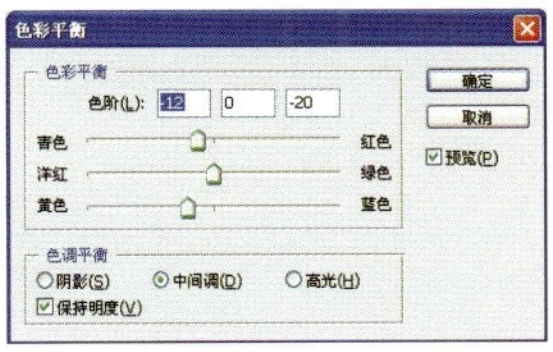

范例二：高反差逆光

1 分析

高反差影像要表现出薄雾的感觉，就要靠后面逆光的效果，这张影像正是经典范例。

3 降低饱和度

用色相/饱和度功能降低整体的饱和度，逆光效果反而提升了画面的戏剧感，氛围营造的感觉强烈。

2 提高明度

使用曲线功能，提升暗部区域的明度，让反差不至于太高。

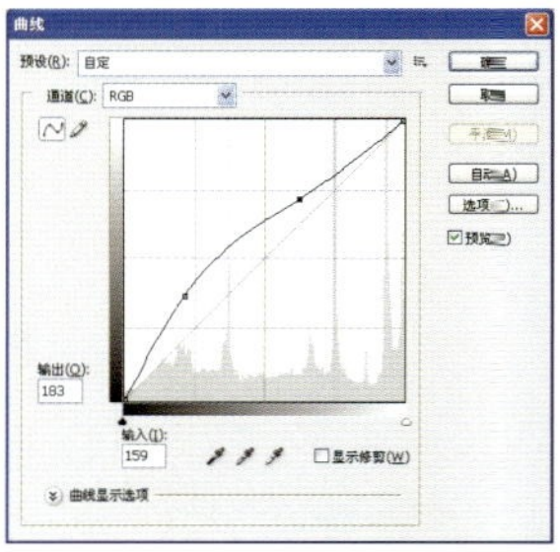

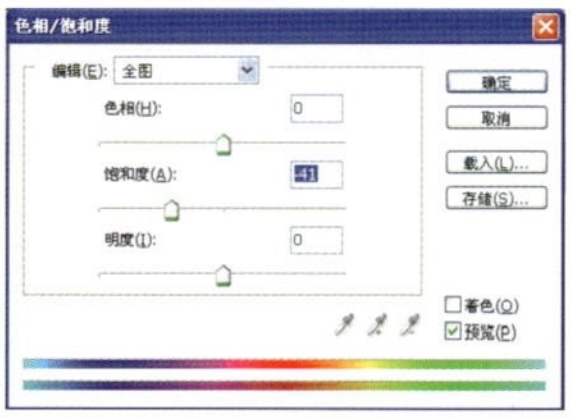

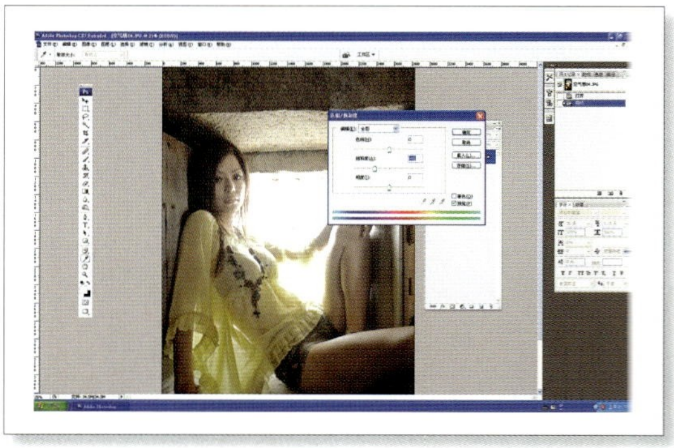

4 增加雾气视觉

新建图层，并填满白色，不透明度设为“10%”。

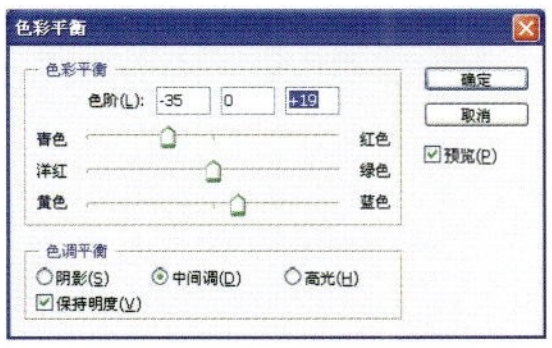

5 变更色相

使用色彩平衡功能，加入青色与蓝色组合成的冷调。

修改后

降低反差后，暗部的阴影不再那么重，而提高明度后，阴影部分细节明显增多，逆光的效果所产生的氛围会更加迷人。

Focus

Chapter 10 外围压暗的效果

一般来说，产生画面周围一圈较暗的情况，是因为闪光灯或光源只照射在主体上，而外围区域则呈现曝光不足的状况。近年来，我经常将这种表现方式应用于作品的风格呈现中。

风格分析

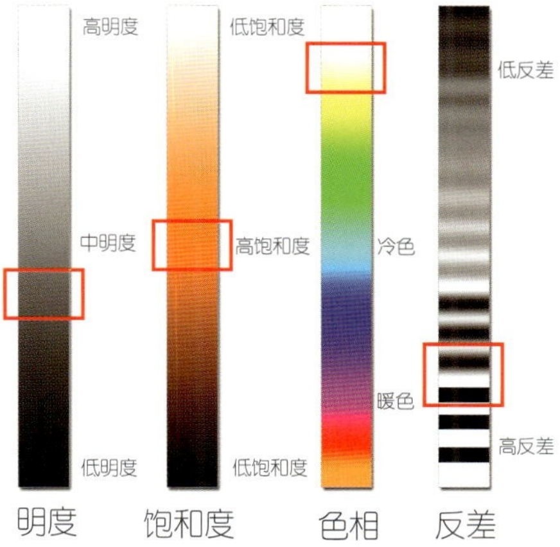

基本上，外围压暗的效果是建立在高反差下的，而明度也不会太高，因为有较大的反差，而大多呈现高饱和度的状况。

技法表现上，要注意加深工具的使用，还有对画笔大小和百分比设定，重要的是要在哪些地方涂抹加深，不至于产生僵硬的痕迹。

范例一：水面与天空

① 分析

人物居中，强调水面与天空的层次感，使用加深工具后，很容易获得外围压暗的效果。

② 降低外围明度

用加深工具涂抹外围部分，降低天空和水面的明度，依画笔大小与位置，刷在影像的外围，有点像是印染一样，不要产生僵化的笔触痕迹。

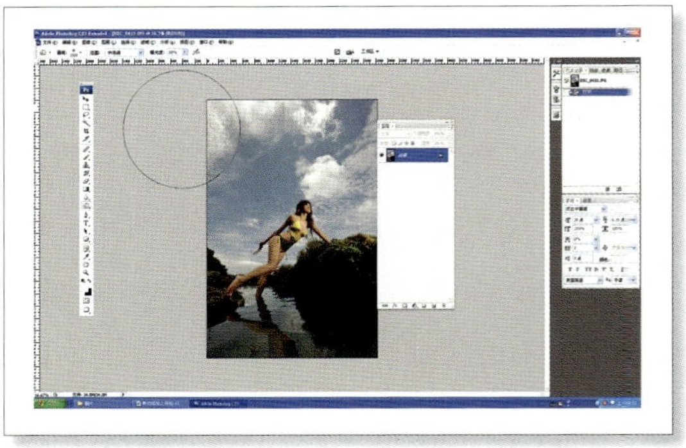

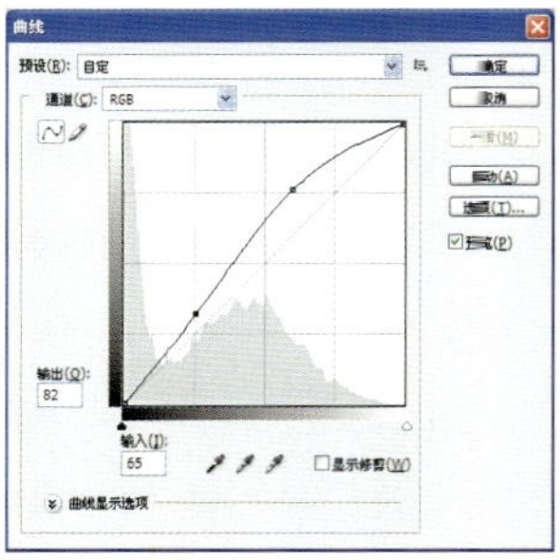

③ 增加明度，稍提反差

用曲线功能增加影像的明度与反差效果。

4 微调亮部的细节与反差

使用减淡工具将水面和天空稍微提亮一下，可以增加一点细节。

修改后

因为出现了外围被压暗，光源能集中在人物身上，而天空与水面的层次也更富于变化。

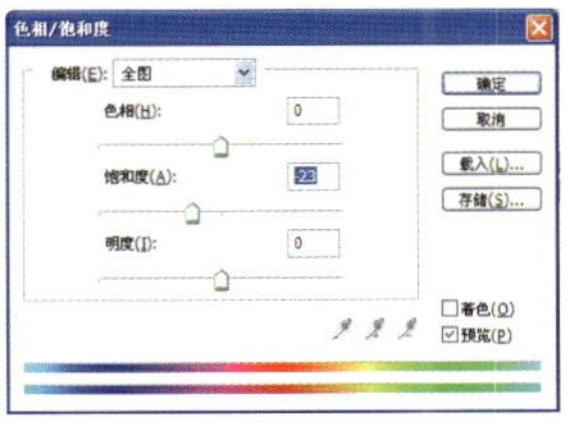

5 降低饱和度

用色相/饱和度功能，降低整体的饱和度。

范例二：云气与岩石

1 分析

这幅影像要做到外围压暗，需注意人物的比例，因为外围所占的比例不大，很容易影响人物。

2 降低外围明度

注意加深工具的画笔大小，尽量不画到人物部分。涂抹天空的云气外围，而且让岩石的层次富于变化时，画笔的大小需要特别注意。

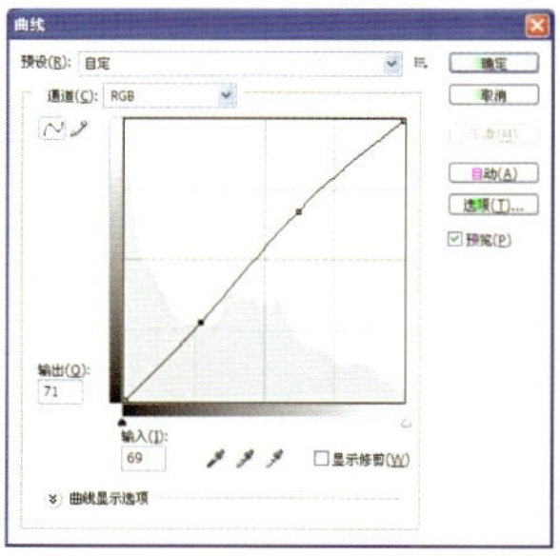

3 提高对比度

使用曲线功能，除了提高一点明度之外，也会将背景与人物之间的对比度稍微调整一下。

4 降低饱和度

使用色相/饱和度功能降低影像的饱和度。

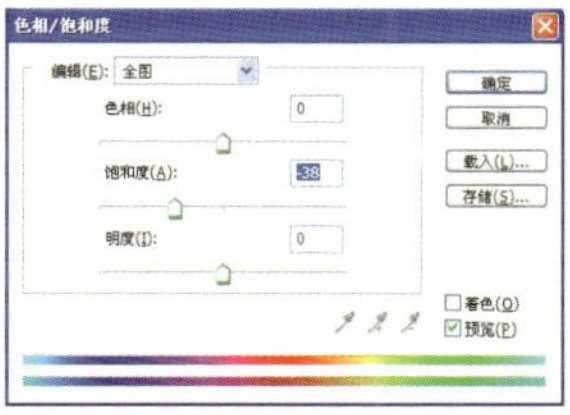

5 局部提亮

使用减淡工具在云气与人物肌肤部分稍微提亮一点。

修改后

调整了反差与饱和度后，画面显得宁静且富于质感，外围被压暗的效果使背景的云彩富于层次感。

范例三：复杂的树根

1 分析

放射状的树根与人物居中的比例恰好，最适合用于营造外围压暗的风格。

2 降低外围明度

使用加深工具降低外围明度，加强闪光灯投在人物身上的聚光效果。

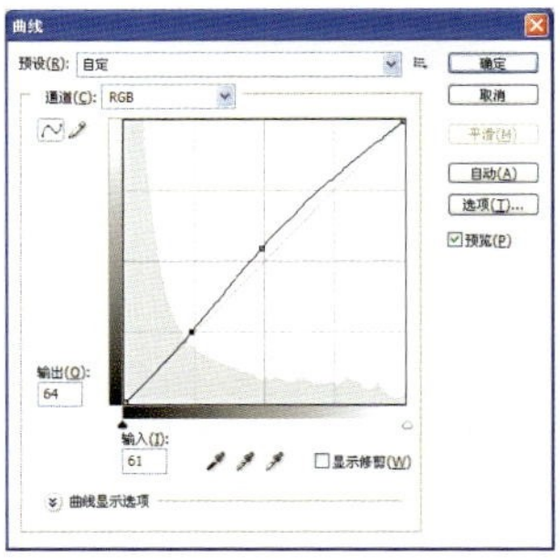

3 稍加反差

利用曲线功能微调整体的反差效果。

4 变化色相

打开色彩平衡对话框，加入红色与黄色调和，使影像带点暖意。

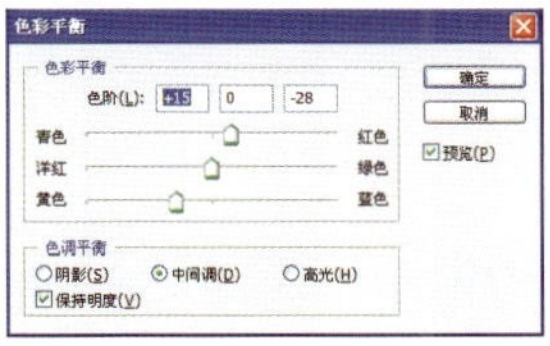

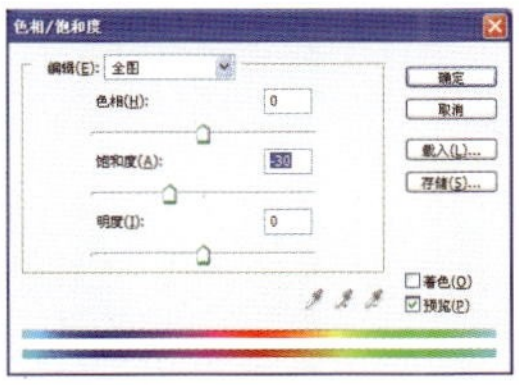

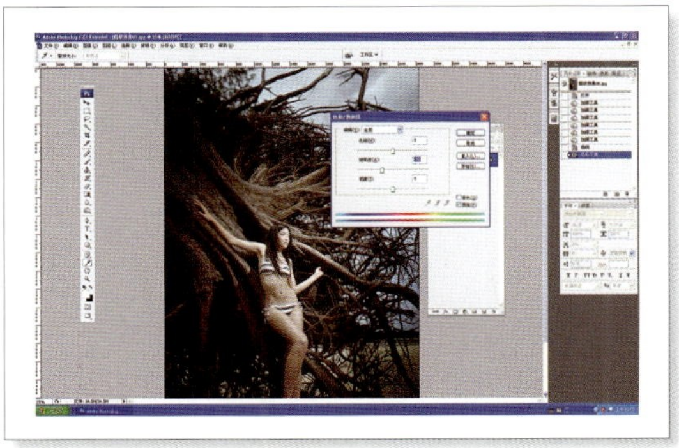

修改后

本幅作品是用闪光灯投射在人物身上，不过因为现场光源稍强，无法将外围的景物明度降低，而且闪光灯无法聚光。利用这种技法，可以轻易地集中光源，达到视觉聚焦的效果。

5 降低整体饱和度

使用色相/饱和度功能降低一点整体饱和度。

Experience

Experience

第五章

作品说明与分享

有很多的后期修饰决定都来自于问题的解决，因为有瑕疵或不妥协，所以必须想出方法让这张影像更具有生命力。

我想，或许有很多朋友对影像后期修饰有排斥心理，无论您是因为不熟悉影像软件，还是对摄影艺术有自己的想法，我都尊重。因为每个人对摄影和影像的定义、定位与目的都不一样，当然它的结果也会不同。我推崇前辈们每次拍摄都能定下瞬间，把永恒记录在胶片上，再用相纸呈现的技艺。但我同样认为，数码时代的摄影让一切皆有可能，它缩短了时间与空间，加速了学习，减少了错误，让每个人都能领略到摄影是一个多么有趣的世界！

接下来，我将近年的几幅作品与各位分享一下原图与后期修饰的过程，希望对您有一定的帮助。

低明度+低饱和度

拍摄条件

这是2010年初拍摄的试镜作品，天气不好，没有阳光，风雨欲来。在这种情况下可以自己制造光线，模特左方的光就是使用离机闪光灯的效果。

后期修饰技巧

1. 天空部分选用其他影像中较暗且有层次的部分，复制后粘贴过来。
2. 将左边的枯树用图章工具修掉。
3. 以加深工具降低外围的明度，加强反差效果。
4. 复制一个图层，填满棕色，不透明度设为“20%”。
5. 将图层模式设为“叠加”。
6. 合并图层。
7. 再复制一个图层。
8. 在第一个图层中进行高斯模糊。
9. 用橡皮擦工具擦除人物部分，可显现背景模糊的效果。
10. 整体降低明度。

风格

乱舞

低明度+高反差

拍摄条件

拍摄的时间是下午3点多，地点在充满阳光且有风的渔港。4位模特配合拍摄《乱舞》的主题，均为舞蹈系的学生，肢体表现非常棒。

后期修饰技巧

1. 使用加深工具将天空的层次表现出来。
2. 整体营造外围压暗的效果。
3. 用曲线功能加强且微调整体的对比度。
4. 使用色相/饱和度功能将饱和度降至最低，无色彩，以黑白表现。

高明度+高饱和度

拍摄条件

拍摄时间是2009年夏天12点左右，阳光充足，用600瓦秒的外拍筒闪光灯打光，光圈缩至f/20拍摄的。

后期修饰技巧

1. 因为使用广角17～35mm镜头，而且与模特离得很近，因此导致头部有点变形。
2. 用液化功能将头的变形矫正回来。
3. 用加深工具降低天空的明度。
4. 外围降低明度。
5. 使用色相/饱和度功能降低饱和度。

烈阳

高反差+高饱和度

拍摄条件

2008年夏天在兰屿拍摄，时间为下午2点左右。使用一盏Nikon SB800闪灯作为光源。

后期修饰技巧

1. 将混凝土车前的电线用修复画笔工具修掉。
2. 用加深工具在影像外围抹一次，以降低明度。
3. 用曲线功能提高对比度。
4. 用色相/饱和度功能加强一点饱和度。

高反差＋高饱和度

拍摄条件

2008年夏天在兰屿拍摄，时间为上午11点左右。用两盏Nikon SB800闪灯作为光源，一盏逆光，另一盏从正面45°角补光。

后期修饰技巧

1. 用图章工具修掉左上角的拍摄助理。
2. 用加深工具在影像外围抹一次，以降低明度。
3. 用减淡工具局部提亮水面、云和发丝等部分。
4. 用曲线功能提升整体的对比度。

高反差+高饱和度

拍摄条件

2008年夏天在兰屿拍摄，时间为下午4点左右。使用自然光。太阳被云层遮住后，刚好射出的一道光线，照在模特站的位置，通过那道光来突出人物。

后期修饰技巧

1. 用加深工具降低外围与中间部分的明度。
2. 用曲线功能加强反差。
3. 使用替换颜色功能，点选白色的海芙蓉花，改变海芙蓉花的明度。
4. 用减淡工具将海芙蓉花提亮，不透明度设定为“40%”即可。

宿雾岛

低明度＋高饱和度

拍摄条件

2008年夏天，在菲律宾宿雾岛的教堂中拍摄。教堂内很暗，改为手动模式，以模糊脸部的亮度为准进行曝光。

后期修饰技巧

1. 用加深工具降低外围与中间部分的明度。
2. 用减淡工具在背景的墙壁上画出光线，制造一点距离与光影。
3. 用减淡工具对人物的受光面加强并调整。
4. 用色彩平衡功能将色相变更为黄红色调。
5. 修饰人物的肌肤。

高反差+高饱和度

拍摄条件

2008年夏天，在渔港的沙滩上，拍摄以《大蝶》为主题的创作活动。后面的翅膀是我自己染的，再用别针别在模特的衣服上，左右两位助手将翅膀抛起，而我决定按快门的时机。

后期修饰技巧

1. 用加深工具大幅降低天空与周围的明度。
2. 用曲线功能加强对比度。
3. 用色相/饱和度功能加强色彩。

沉静

低明度+低饱和度

拍摄条件

2008年在新竹拍摄，以室内空间为背景，现场使用自然光。

后期修饰技巧

1. 用加深工具调整整体明度，处理外围背景部分。
2. 使用色相/饱和度功能降低饱和度。
3. 打开色彩平衡对话框，加入一点蓝，中和一下黄的感觉即可。

低明度＋高反差

拍摄条件

2008年在新竹拍摄以《天梯》为主题的创作。道具包括自制的梯子和由20片小翅膀组合而成的大翅膀。光源是一盏600瓦秒的外拍闪光灯。

后期修饰技巧：

1. 用加深工具调整整体明度，处理外围背景等部分。
2. 使用减淡工具加强受光面的对比度。
3. 利用减淡工具擦出天空的层次与光的方向感。
4. 翅膀的羽毛再增厚一点。
5. 用曲线功能调整对比度。
6. 打开色彩平衡对话框，将色调调至略呈蓝绿色的效果即可。

天梯

扬风

高明度＋低反差

拍摄条件

2008年在新竹金城湖沙滩，黄昏时拍摄，风很大，模特的头发都被向上吹起。采用自然光拍摄。

后期修饰技巧

1. 基本上保留了黄昏的感觉。
2. 用曲线功能提高明度。
3. 使用色彩平衡功能加黄一点即可。

低明度+高反差

拍摄条件

2008年11月在苗栗大峡谷拍摄。使用一盏600瓦秒外拍闪光灯，由上向下打光，天气阴霾，没有阳光。

后期修饰技巧

1. 用加深工具降低外围和局部的明度。
2. 用减淡工具在岩石的受光区域进行提亮。
3. 用曲线功能加强对比度。
4. 使用色彩平衡功能加黄一点即可。

大峡谷

感性

低明度＋低反差

拍摄条件

2008年10月拍摄，是一张模特与服装的网拍作品。现场使用1000瓦持续光影室灯，设定自动白平衡，可效果依然偏黄。

后期修饰技巧：

1. 用加深工具降低外围和局部的明度。
2. 使用减淡工具在模特的脸部和手臂等处提亮。
3. 打开色相/饱和度对话框，整体降低饱和度。
4. 新建图层，填满棕色。
5. 图层模式设为“颜色”，不透明度设为“30%”即可。

高明度+高反差

拍摄条件

2007年12月，在摄影棚内拍摄主题摄影《太极》，采用自然光方式。

后期修饰技巧

1. 将画面中天花板的部分使用修复画笔工具清除。
2. 整体降低饱和度。
3. 用曲线功能调整对比度并提升明度。
4. 后期修饰时加入线条辅助视觉效果。

太
極
The-edges.net
alex@bauhaus-corp.com

太
極
The-edges.net
alex@bauhaus-corp.com

5

作品说明与分享

太极

太極
alex@bauhaus-corp.com
The-edges.net

太極
alex@bauhaus-corp.com
The-edges.net

太
極
alex@bauhaus-corp.com
The-edges.net

太
極
alex@bauhaus-corp.com
The-edges.net

低饱和度+高反差

拍摄条件

2008年1月，在摄影棚内拍摄主题摄影《舞墨与解构》，采用自然光方式。模特是用钢丝挂在天花板的钢梁上，通过摆动及舞动黑布来模拟书法的效果。

后期修饰技巧

1. 写好一些书法和墨迹，用数码相机拍下来。
2. 清除模特后方的背景与杂物。
3. 修掉模特身上的钢丝。
4. 选取书法字迹与模特的影像合成即可。

解构

Alex
Email: alex@bauhaus-corp.com
Blog:www.wretch.cc/blog/freealex
Visual art in Fine art, Queensland College of Art, Griffith University

Experience

刘纯兴
Alex

- 网络摄影家站长
- 包浩斯视觉创意有限公司创办人
- CAMERA杂志艺术总监
- 摄影网络PHOTONET杂志特约作者
- DigiPhoto杂志特约作者
- 数位视野

顾问

- 1996年毕业于澳洲国立昆士兰艺术学院·格里菲斯大学
- 1996年入选QCA艺术家联展－布里斯本
- 1996年入选布里斯本美术家联展(绘画类)
- 1996年美术讲师
- 1996年回中国台湾
- 1998年创立网络摄影家团队

摄影比赛评审

- 2005年联电摄影比赛评审
- 2006年宏·30摄影比赛评审
- 2007年爱乐电台·统一安联摄影比赛评审
- 2007年联发科技摄影比赛评审
- 2008年DCVIEW摄影铁人赛评审
- 2008年保诚人寿“台湾真美好摄影比赛”评审
- 2008年PetsTalk宠物公益摄影比赛评审
- 2009年“宝岛100——百位摄影师与百大景点的深情对话”摄影比赛评审
- 2009年“魅力清水，风情万千”摄影比赛评审
- 2009年DCVIEW 2009摄影铁人大赛 评审
- 2009年鼎新科技摄影比赛 评审
- 2009年2009印象台北摄影大赛评审

著作

- 《两岸三地人像摄影新锐》，2006
- 《美少女如何拍100%实例解说》，2009
- 《标准镜头如何拍100%实例解说》，2009
- 《广角镜头何拍100%实例解说》， 2009
- 《台湾摄影名人堂》，2009
- 《无名素人女王 名家摄影改造大特企》，2010

企业商品拍摄与代言

- 2008年SONY赞助赴澳洲墨尔本拍摄专辑
- 2008年吉声唱片徐筱宁专辑摄影
- 2008年MOTORLA MOTOZINE ZN5手机代言
- 2008年BLUETOOTH产品形象广告·导演
- 2008年SONY α900 专辑拍摄代言
- 2008年无名正妹2009日历专辑摄影
- 2009年吉声唱片唐铭良专辑摄影
- 2009年神棍乐团专辑摄影
- 2009年帛琉观光旅游纪录委托摄影

摄影展览

- 2004年主办网络摄影家人像摄影创作联展

特别感谢我的合作模特

Angel

Ashely

Cat

China

Sara

Sharon

Vivi

小丁

小优

秀惠

阿皮

阿亚

Fairy

Fanny

Fish

Maggie

小如

小安

小佑

小兔

津津

筱君

糖糖

下一位
明日之星

图书在版编目（CIP）数据

数码后期达人 / 刘纯兴著．—北京：中国摄影出版社，2010.8

ISBN 978-7-80236-461-5

Ⅰ．①数… Ⅱ．①刘… Ⅲ．①图形软件，Photoshop CS4 Ⅳ．①TP391．41

中国版本图书馆CIP数据核字（2010）第160393号

策　　划：盛益文化
责任编辑：张大鹏
执行编辑：陈　馨　高鸿雁
设　　计：知墨堂文化

书　　名：数码后期达人
作　　者：刘纯兴
出　　版：中国摄影出版社
地　　址：北京东单红星胡同61号　　邮编：100005
发 行 部：010-65136125 65280977
网　　址：www.cpphbook.com
邮　　箱：office@cpphbook.com
印　　刷：北京瑞禾彩色印刷有限公司
开　　本：787mm×1092mm 1/16
印　　张：12.5
版　　次：2010年9月第1版
印　　次：2010年9月第1次印刷
印　　数：1—5000册
ISBN 978-7-80236-461-5
定　　价：56.00 元